ジするだろう。しかし、東南アジアにも標高の高い山や高地があり、カエルはそのような標高の高い場所にある森林や、海に近い風通しの良い草原などに分布していることもある。後の種別解説には国名を記載しているが、その国名だけから判断して自身の想像（印象）だけで飼育環境を決めつけることは避けるべきだ。

食性はほぼ100%が昆虫食（肉食）である。カエル全般は一部の種類を除き、動いている生き物のみを捕食する。逆に言えば、動いていないものは、どのような形やにおいをしていようが、餌として認識しない種類がほとんど。幸いなことに、地上棲・地中棲のカエルの場合、飼育下では比較的餌付きの良い種類が多い。たとえば、多くのヤドクガエルやヒキガエルなどは、適切な環境下なら飼育環境に導入してすぐコオロギなどを捕食してくれることも珍しくない。すぐに餌を食べ始めない場合は環境か個体のどちらかに異常がある可能性があるとも言える（種類にもよるので一概には言えないが）。

餌はコオロギが一般的だが、地面を徘徊する昆虫類でそれぞれの口に入るサイズのものであれば全て餌となるだろう（餌の項を参照）。近年では爬虫類や両生類の飼育において人工飼料が一般化している。今回紹介している中ではツノガエルの仲間などは人工飼料での飼育も十分可能だと言える。しかし、基本的にカエルの飼育において人工飼料というものは、一部の種類を除きほぼ出る幕はないだろう。人工飼料はあくまでも「補助アイテム」であり「万能アイテム」ではないと思ってほしい。

カエルの体

同じ両生類である有尾目や多くの爬虫類などと比べても、カエルは独特な体型をしている。二頭身から三頭身の体に、やや太短い四肢を持つ種類が多く、吸盤や水掻きはあまり発達しない種が多い。一方で、後肢には土を掘るためのコブ状の突起を持つ種類が多く、スキアシガエルやスキアシヒメガエルという名が付けられている種類は、その突起が土を掘り起こす道具の「鋤(すき)」のように見えるというところから名がある。その名が付けられていない種類でも、そのような突起や硬化している部分を持つ種類も多い。

体表は有尾目同様、鱗を持たない代わりに皮膚に粘液(粘膜)を持つ種類が大半で、その粘液や皮膚(皮下)には多少なりとも毒を持つ種が多い。身近なアズマヒキガエルも、皮膚の表面こそ乾いていることが多いが、刺激が加わると毒を分泌することがある。だからと言って恐れる必要はなく、触れた手で物を食べたり目をこすったりせず、きちんと手を洗うことを心がければ問題はない。ただし、皮膚の弱い人や外傷のある人は無理をせず、ニトリル手袋(手術用手袋のようなもの)などを着用したうえでカエルに触れるようにすれば良い。なお、

毒を持つという点で注意しなければならないのは人間に対してだけではない。身の危険を感じたりすると毒を分泌する種類が多いが、掴んだり追いかけたりした時などに限った話ではない。弱ったり、輸送などで過度なストレスを感じた時にも毒を分泌することがあるのだ。たとえば、飼育下で状態を崩してしまったカエルが飼育ケージの水入れで絶命してしまうことはたまに見られる光景だが、その際、水の中に毒素を分泌してしまう場合がある。すぐに飼育者が気がついて処理をすれば良いが、発見が遅れた時など、そこに同居しているカエルが水浴びにきてしまったとしたらどうなるかは想像に難くないだろう。

いずれにせよ、毒素の有無に限らず、カエルの皮膚は敏感でデリケートな部分であるため、手に持って遊んだりするような過剰な接触やスキンシップを取るなどの行為は避ける。爬虫類にも言えるが、特にカエルは人間に触られて喜ぶような生き物ではない（彼らにしてみればゼロかマイナスな行為である）。メンテナンス時の移動など最低限の接触を心がけて飼育しよう。

迎え入れと飼育セッティング

—From pick-up to keeding settings—

前項では、ややマイナスの情報が多い
と感じる人も多いかもしれません。
それでもまだ「飼育に挑戦してみたい!」
というチャレンジ精神に溢れている方々へ、
ここからいよいよ飼育設備を整え、
好みの種類や個体を探すことになります。
特に環境づくりは慎重に!!

迎え入れと持ち帰りかた

カエルの販売という分野は、他の爬虫類や両生類よりもやや特殊な部類に入るかもしれないが、飼育管理が比較的容易で、一般的に広く販売されている種類も多数存在する。地上棲・地中棲のカエルにおいてはツノガエル各種が筆頭に挙げられ、それ以外にはアフリカウシガエルやミヤコヒキガエルなどで、ホームセンターや大型熱帯魚店（量販店）などで見かける機会が多いかもしれない。それ以外の種類に関しては基本的に爬虫類ショップなど専門店での購入となる。ただし、カエルを積極的に数多く取り扱う専門店は少なく、幅広い種類の取り扱いがある店は限られてくるだろう。常時それなりの種類数を扱っている店は経験や知識が豊富な可能性が高く、質問をぶつけても明快な回答が返ってくると思うので、導入時も不安は少ないはずだ。専門店はとっつきにくいイメージもあるかもしれないが、初挑戦の人や不安なことが多い人は、できるだけ専門店に出向いての購入を推奨する。知ったかぶりをせず、わからないことは率直に質問してみよう。

近年は爬虫類即売イベントも多く開催されているのでそこでの購入も悪くないが、どちらにしても取り扱うブース（店）は限られてくるうえに、開催時期によっては移動や展示時のリスク（特に暑さによる状態悪化）を懸念して両生類全般の出品を控える店も多い。また、イベント開催中はどの店も忙しいことが多く、質問する側も遠慮がちになってしまうかもしれないことを考えると、店舗へ行ってじっくり購入することがより確実だ。

インターネットや電話を利用した通販は、2024年4月現在、両生類に関しては法的な規制はない。近くにお店がない場合などは利用したいところであるが、真夏と真冬（特に真夏）に関しては大きなリスクがある。飼育者がいきなり店を出したケースなど出荷経験の浅いことも多く、この点でも取り扱い（発送）に慣れている経験豊富なショップを選びたいところだ。お目当の店の都道府県から翌日の午前中に到着しない地域にお住いの人は、真夏や真冬はできるだけ避け、多少の距離なら足を運んで受け取りに行くなど各自の“自衛”もしたいところだ。

持ち帰りについては、慣れているショップでの購入であればお店に任せておけば問題ないだろう。しかし、個々の移動手段や道中の気温までは店側も把握していないので、真夏で徒歩や自転車移動の時間が長い場合などは、自前で保冷バッグと保冷剤を持っていくなどの工夫をしよう。保冷剤が家にない場合は、近くのコンビニなどで凍らせた飲み物を購入してそれを保冷剤代わりにするのも良い。一方、冬場は使い捨てカイロなどを利用するのが一般的で、これはほとんどの爬虫類ショップで常備してあると思う。不安な人は購入前に確認するか、各自持参するようにしたい。ただし、カイロは発熱の具合によってはカエルにとって熱すぎる場合もあるので、貼る場所（入れる場所）に十分注意し、自信がない場合は店側に任せる。

飼育ケースの準備

気温や湿度に敏感な種類もいるが、多くの種類においてシンプルな形でも飼育は十分可能だ。植物をしっかり植え込んだ、いわゆる「ビバリウム」のような形でも飼育が楽しめる種類も多い。ここではまず基本的に必要な器具類の紹介をする。必要最低限の器具は以下のとおり。

□通気性があり隙間なく蓋ができるケース
□床材
□温度計
□保温器具
□浅めの水入れ
□シェルター（コルクや流木なども含む）

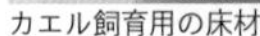
カエル飼育用の床材

赤玉土

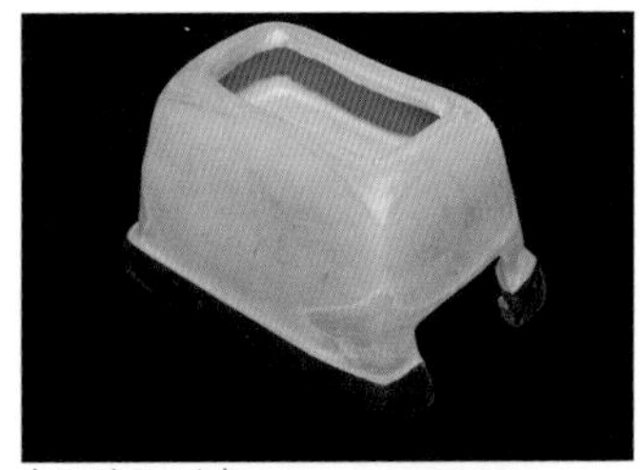
ウエットシェルター

炭。消臭効果などが期待できる

これらがあればひとまずほとんどの種類は飼育開始可能だと言えるのだが、飼育する種類によってその中で選ぶものは変わってくる。ここからは大まかに分けて6パターンのセッティングを紹介する。括りきれない部分もあるのだが、スペースの都合上、ご了承頂きたい。なお、保温器具や照明器具に関してはほぼ共通項なので、タイプ別の紹介のあとに別途記した。

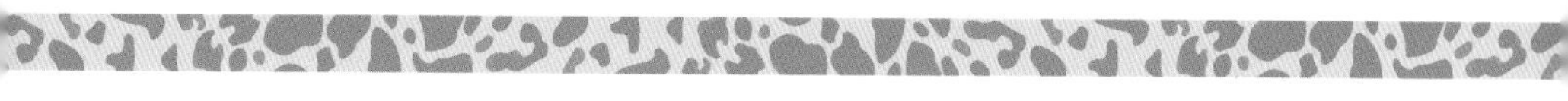

【地上棲乾燥タイプ】

主な対象種:ヒキガエル各種・ステルツナーガエル・トマトガエルの仲間など

・ケージ：通気性が良く、しっかりと蓋ができるものが向く。飼育する種類のサイズに合わせて製品を選ぶ。市販の爬虫類飼育用のガラスケージやプラケースの大きめのものなど、自身の飼育スタイルに合うものを使えば良い。この仲間は基本的に高さも必要ないが、あまりに背の低いものだとジャンプした時に頭をぶつけてしまうなど怪我のおそれがあるので、できればカエルの背丈の3〜4倍程度の高さはほしいところである。

・床材：乾燥を好むとはいえ、カエルなので多少の保湿力（保水力）も求められるが、水はけが悪いものは好ましくない。具体的には、テラリウム用のソイルや赤玉土・鹿沼土・細目のバークチップ・それらをブレンドしたものなどが一般的。

・その他の器具と注意点：乾燥した環境を好む種類でも水場に入ることが多く、大型のヒキガエルなどでも全身が入れる程度の水入れを必ず設置するよう。その場合、あまりに背の高いものを無造作に入れてしまうと、カエルがそこに水場があると認識できないこともあるので、背の低めのものを入れるか、背丈があるならば土に埋めるような形で配置するようにしよう。

【地上棲保湿タイプ】
主な対象種：コノハガエル各種・ウデナガガエル各種・フクロアマガエルなど
・ケージ：この仲間は過度な乾燥はNGだが、通気性の確保は重要。よって、保湿は必要なものの密閉に近いようなケージ（熱帯魚用の水槽をガラス蓋で覆うなど）は使用できない。やはり爬虫類飼育用のガラスケージやプラケース・アクリルケースを使いつつ、乾燥をしないようメンテナンス（霧吹きなど）でカバーする形が望ましい。ヤドクガエルなどに使うようなパルダリウム用のケージなどは適度な通気性を考えて作られていることが多いので、それらを流用しても良い。
・床材：ある程度の保湿力があり、水はけも良いものがベスト。テラリウム用のソイルや赤玉土・鹿沼土・細目のヤシガラ・黒土・それらのブレンドを使うことが多い。黒土は単用してしまうと水はけが悪くなりがちなので”混ぜる材料の1つ”という感覚で使う。水苔を使う人も多いが、あくまでも「保湿するためのもの」と捉え、床材として単用することは好ましくない。水苔自体の衛生状態が悪くなりやすく、菌の温床になることも多いので使用時は注意が必要である。
・その他の器具と注意点：この仲間も乾燥タイプ同様に個体が丸ごと入れる程度の水入れは必須。この仲間は全体的に物陰に隠れることを好み、それができないとストレスとなったり、餌を食べない場合も多い。市販のシェルターや形の良いコルク・流木を配置し、カエルが下に潜れるような場所を必ず作ってあげよう。

【ビバリウムタイプ】
主な対象種：ヤドクガエル各種・マンテラ各種・フキヤガマ各種など
・ケージ：爬虫類飼育用のガラスケージやパルダリウム用のケージなどが望ましい。いずれも通気性がしっかり確保されていることが条件（特にフキヤガマの仲間を対象とした場合）。小さな種類が多く、ちょっとした隙間から脱走されることも多いので隙間がないことも必須条件である。アクリルケースやプラケースでの簡易的な飼育も可能だが、飼育が難しくなるだけなので、特に経験の浅い人には推奨できない。
・床材：植物を植える前提で選ぶこととなり、植物が育つようなもの（鉢植えに使うようなもの）を選ぶ人も多い。小粒の赤玉土や鹿沼土・黒土・テラリウム用のソイル・それらをブレンドしたものが一般的に使われる。また、観葉植物育成に使われる土を焼き固めたセラミックタイプの園芸用土なども良い。
・その他の器具と注意点：一見すると泳ぐこともできそうな種類が多いが、ほとんどの種類において泳ぐことができない。よって、水入れは必要なもののカエルが座った状態で半身浴ができる程度の浅いものを設置する。そういう意味では、ビバリウムでの飼育は問題ないが、水の部分が大きいアクアテラリウムでの飼育は不向き。シェルターに関しては、レイアウトに使う植物や流木が隠れ場所になるため、あえてシェルターを入れる必要はない。植栽が少なめであれば、小さめのシェルターを入れても良いだろう。

【地中棲乾燥タイプ】
主な対象種：フクラガエル各種・スキアシガエル各種・マダラアナホリガエルなど
・ケージ：基本的に立体活動をほぼせず、大きくジャンプすることも少ないので、背の低いタイプのケージでも問題はない。ただし、地中棲の種類は床材を多く入れることとなるため、あまりに背の低いケージだと床材の入る量が限られてしまう。床材を5cm以上入れる前提で選びたい。通気性に関しては先述の地上棲乾燥タイプと同様の考えかたで良い。
・床材：乾燥した地域の土の中に生息するとはいえ、砂漠のような砂地に潜っているような種類はいない。よって、地上棲乾燥タイプに準ずる形で良いだろう。ただし、ヤシガラ（ハスクチップを含む）やバークは昔からよく使われるが、この仲間においては使わないほうが無難である。特にフクラガエルの仲間に関しては皮膚が弱く、ヤシガラで長期飼育していると土壌の酸化によって皮膚や指先が溶けてしまう事例が多い。その他の種類においても長期的なヤシガラ単用飼育は避けたほうが無難。
・その他の器具と注意点：この仲間は乾燥には強い面がある一方、水場に入ることを好む。他種同様、水入れを常設する。ただし、四肢が短く活動的とも言えないため、登れない可能性のある高さがあるものは避け、浅めの容器を使うようにする。シェルターに入る個体もいるが、基本的には「地面に潜ること＝隠れ家に隠れること」である。ケージの中のゆとりがあれば入れても良い、という程度である。

頭から床材に潜るマダラアナホリガエル

【地中棲保湿タイプ】
主な対象種：スキアシヒメガエル各種・ジムグリガエル各種・パグガエルなど
・ケージ：地中棲乾燥タイプに準ずる。強いて言えば、床材があまり浅いとすぐに乾いてしまうため、こちらのタイプの場合は7〜8cm程度かそれ以上に床材を入れられるようなものを選ぶ。
・床材：地上棲保湿タイプと同様のものを選べば問題ない。ただし、ヤシガラは乾きやすいため単用は避ける。その他の床材も単用ではなく、2〜3種類を混ぜて使ったほうが見た目も結果も良い場合が多い。
・その他の器具と注意点：この仲間も活動的とは言えないので、水入れは地中棲乾燥タイプ同様、登れない可能性のある高さがあるものは避け、浅めのものを使うようにする。

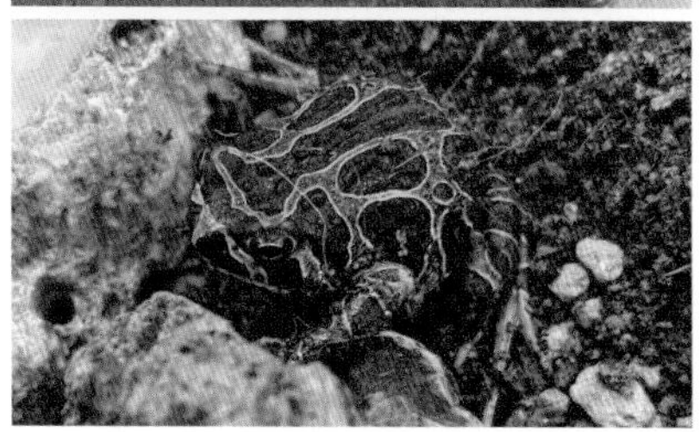

【ツノガエルタイプ】
主な対象種：ツノガエル各種・チャコガエル・アフリカウシガエルなど
・ケージ：大型になる種類も多いが、この仲間の多くは基本的にあまり動かないため、飼育個体自体の3〜4倍程度の広さがあるケージであれば十分。生きた餌を与える場合、あまりに広すぎると巡り会えない可能性もあるため、適度な広さのものが良い。通気性が確保されたものを選び、もし乾燥が早いようであれば、霧吹きの量を増やすなどで対応すれば良い。
・床材：さまざまな飼育スタイルがある。
①水を浅く張る方法
②スポンジ（ウールマット）を敷く方法
③ソイルや赤玉土を敷く方法
この3つが主流と言える。①の場合、床材は不要。代わりにカエルの顎の下あたりまでの水を張る。水切れに弱く、こまめな水換えを必要とする幼体にはこのシンプルなスタイルが向いてる。②は①のスタイルに濾過材に使うウールマットやスポンジを敷いたもの。床が滑るとカエルが落ち着かない。また、床面がつるつるしていると踏ん張りが効かず、脚の骨の形成異常が見られることもあるため、足場を入れるというもの。幼体に向いているが、成体となってもそのままこの方法で飼育を継続しても問題はない。③はテラリウム用やツノガエル用のソイルを敷いてそこに潜らせる方法。ツノガエルは野生下で地面（草原や湿地など）に潜って餌を待ち伏せており、土に潜っている姿が本来の姿と言える。ただし、小型の個体は乾燥に弱く、ソイルが乾くとさらにそこに水気を取られて致命傷になってしまう可能性もあるので、小型個体に使用する場合は乾燥に注意したい。
・その他の器具と注意点：ソイルや赤玉土を敷いて飼育する場合のみ、個体が入れる程度の水入れを入れるが、それ以外は水を張って飼育することになるので水入れは不要。括りとすれば地中棲種なので、シェルターもあえて入れなくて良い。

レイアウト材料の選びかた

　どのタイプのセッティングやレイアウトをするにしても、シェルターやその他の入れるものにこれという決まったものはない。地上棲のカエルは、自分で流木の下などに土を掘り、自分の合うように棲み処を作る種類も多い。地中棲の種類に関しては「潜ること＝隠れる」ことになる。いずれにせよ流木やコルクなどを設置したのなら、あえて市販のシェルター（地面に置くタイプ）を入れなくてもかまわない。場所に余裕があったり、流木やコルクよりもそちらのほうが良いという場合では設置しても良いだろう。植物以外のレイアウト品はこれらの流木やコルク樹皮などが一般的で、うまく組み合わせたりしながらレイアウトをしていくが、入れすぎには注意。地上棲のカエル（特に大型種）は跳ねるように移動することもよくあり、その際にケージ内がコルクや流木でいっぱいだと、自由に動き回ることができず逆にストレスに

なったり、怪我の原因になる場合もある。最低限、ケージの半分くらいは自由なスペース（空きスペース）ができるようなイメージで配置しよう。流木を選ぶ場合も中〜大型種の場合は細くて複雑な枝状の流木は避ける。なお、流木やコルクにカビなどが生えることを気にする人もいるが、ほとんどの場合において生き物には影響はない。よほどカビだらけにならないかぎりは気にしなくて良い。

最近、一般的になりつつある「炭化コルク」という、コルクの板を炭化させた商品が生き物飼育にも使われている。今まではヘゴ板というものが一般的だったが、ヘゴ板がヘゴの木の保護などの影響で入手困難になりつつあり、水に濡れると酸化しやすく、茶色い色素やアクを含んだ水を生み出してしまう。炭化コルクはそれらの難点を解決してくれたと言っても良い。これをケージの前面を除いた横の3面（左右と背面）に貼り付けることで、神経質な種類も落ちつきやすいという効果がある。それと同時に炭化コルクは穴空けや切り取りなどの加工もしやすく、植物も活着しやすいので、木に活着するタイプの植物を壁面に配置することもできて楽しみかたも広がるだろう。

コルク片

炭化コルク

保温器具と照明器具

保温器具に関しては難しい面があり、飼育者各々によって対応が異なってくる。また、種類によって好む温度が多少異なるが、本書で紹介している種類であれば、大まかに言えば18〜28℃の間に収まっていれば大きな間違いはない。大別すると、マレーシアやインドネシア・マダガスカルが原産のカエルはやや低温（18〜25℃前後）を好み、北米や中南米が原産の種はやや高めの温度（23〜28℃前後）を好む。アフリカ勢や日本のカエルはその中間、もしくはどの温度帯でも適応可能といったところである。もちろんそこから2〜3℃前後するぶんには問題ないが、上昇していく場合は注意が必要だ。

保温方法だが、まず飼育する部屋が24時間エアコン管理をする場合はそれだけで問題ない。注意点としては冬場はかなり乾燥するので、種類によっては霧吹きの回数を増やしたり、水場を大きくするなどの対処をする。エアコン管理（20℃以上の設定）をしていれば、パネルヒーターなどによる追加の保温は不要である。エアコン管理をしない場合は、まずは室温が最も寒い時間（夜中）に何℃くらいになるかを調べておく。低温にはかなり耐性のある種類がほとんどなため、室温が何もせずとも15℃前後から下回らないようであれば、保温器具は使わず通年無加温（夏場の暑さ対策のみ）で飼育できる可能性も十分にある。ナンベイウシガエルやフクラガエルの仲間などやや高めの温度を好む種類の場合、活動する気温としては15℃だと少し低いので無加温は避けたほうが良いだろう。その他の種類に関しても夜間の最低温度を基準に、使うケージのサイズなどに応じて保温器具を用意する形となる。

関東近辺、もしくはそれ以南であれば、基本的には真冬でもパネルヒーターで十分対応できることが多い。1枚では温度が十分に上がらないようであれば2枚を使うが、いずれも背面や側面へ貼り付けると良い。底面だと床材が邪魔をしてケージ上部まで保温できない可能性がある。また、床材を薄く敷いている場合や地中棲の種類の場合、寒さによりカエルがヒーターの上で

暖を取り続けてしまい、低温火傷をしてしまうことが稀にある。特に地中棲の種類だが、本来自然下で土中の温度は、地面を掘り進めるほどに少しずつだが下がっていく。それなのに底面にパネルヒーターを敷いたらどうだろう。彼らの感覚としては、掘れば掘るほどに涼しくなるはずなのに、なぜか熱くなってしまう。場合によっては、それよりももっと掘れば涼しくなるかと勘違いしてケージの床をごりごり掘り続け（床面があるのでもちろん掘れない）、そのまま低温火傷という可能性もある。そういう意味で背面や側面であればそのような事故は防げ、もしケージ内が全体的に寒かったとしてもカエルが自らヒーターの近くに来て暖を取ってくれるだろう。

よほど寒い場合は「暖突」（蓋の下部に設置する市販の保温器具。飼育環境の上方から熱を送るタイプ）などやや強めの保温器具を使う必要があるが、その場合、必ずケージ内の温度と乾き具合を確認しながら設置するようにしたい。全てのカエルは暑すぎて蒸れてしまうとあっという間に調子を崩し、下手をしたら即死というケースも十分に考えられる。多少の寒さであればすぐに死んでしまうことは考えにくいので、

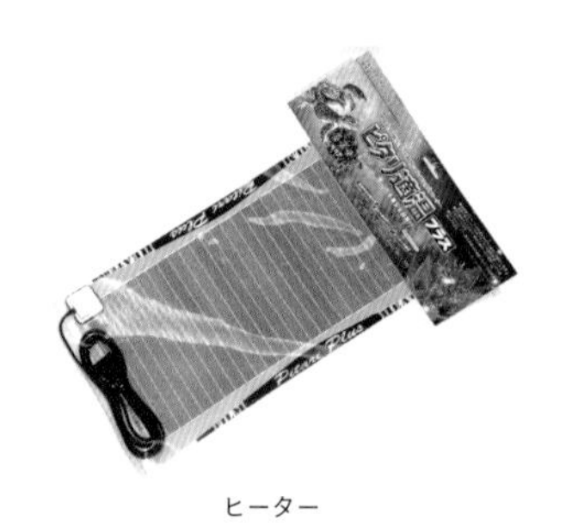

ヒーター

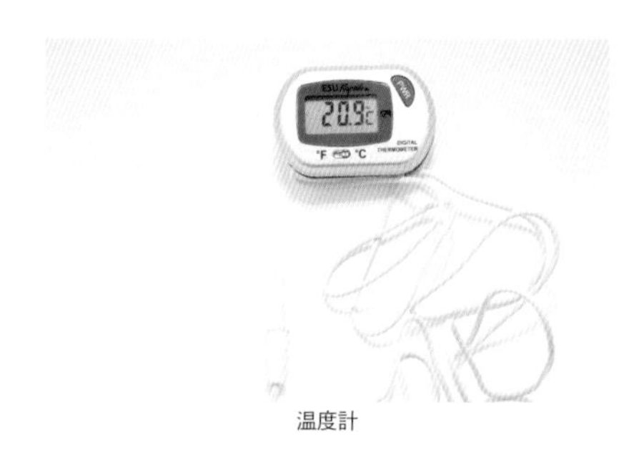

温度計

「少し保温が弱いかな?」という程度からスタートして、もし本当に足りなければ追加する、もしくはひと回り大きなものを使うようにしたい。その他バスキングランプや夜間用保温球などのランプ系保温器具もあるが、カエルが間違えて触れてしまうと即火傷となってしまう。また、熱量が強すぎるものが多く、局所的に高温になりすぎる傾向にある。霧吹きを多用するカエルの飼育においては、点灯時に水滴が付くと破裂する危険性もあり不向きなので選択しないこと。

照明器具に関しては、近年はカエルにも多少紫外線が必要という論調になっている。チャコガエル（*Chacophrys pierottii*）に関しては、オタマジャクシに紫外線を当てないと上陸するカエルの奇形率（背骨が変形したカエルの出現率）が非常に高くなるというデータが出ている。他にもヤドクガエルやフキヤガマなどを育成・飼育する時、また、その他の種でも幼体育成時は紫外線を当てたほうが良い結果が出ている傾向にあるため、地上棲種に関しては可能なかぎり紫外線ライトを設置したいところである。筆者の一般飼育者時代（16〜17年前からそれ以前）はカエルには「紫外線は不要」と言われていて、たしかにそれでも十分飼育できた（と思っている）。ただ、今思えば当てたほうがさらに良かったのかなと思い返す部分もある。メタルハライドライトやハイパワーの紫外線蛍光管など強い紫外線の出るものは逆効果になりかねないので、各メーカーから出ている蛍光灯タイプのものや近年販売されているLEDタイプの製品で、中〜弱程度の紫外線が出るタイプを選べば良い。注意点としては、蛍光灯タイプはそれなりの放熱がある。蛍光灯を当てたためにケージ内が高温になってカエルが調子を崩してしまったら元も子もないので、紫外線ライトに限らず照明器具を使う場合はケージ内の気温の上昇には注意しながら使いたい。そういう意味では、放熱量も少ないLEDタイプのものは高温を嫌うカエルの仲間にはうってつけの機材であるため、今後のさらなる開発に期待をしたいところである。

ビバリウム飼育のセッティングについて

ビバリウムでの飼育というとヤドクガエルの仲間を思い浮かべる人も多いと思う。もちろん今回紹介する種類の中ではヤドクガエルがその主な対象であり、その他だとマンテラの仲間やフキヤガマの仲間ではビバリウムでの飼育が主となる。逆に言えば、植物がしっかり定着したビバリウムを用意しなければ、それらの種類は長期飼育をすることは難しいだろう（Q&A参照）。

では、それ以外の種類はビバリウムでの飼育は不可能かと言われればそうではない。「ビバリウム＝熱帯雨林の環境」というわけではないので、中に入れる植物や床材・通気性などを変えることにより、その他の種類でも植物を植えたりしてのビバリウム飼育が楽しめるだろう。ただし、7～8cmに迫る、もしくは超えるような大型種を植物で複雑にレイアウトしたビバリウムで飼育するのはやや困難である。植物をしっかり植え込んだりレイアウトを施してもパワーや自重で破壊してしまうからだ。地中棲種は、潜る（潜らせる）必要があるため、せっかく植物を植え込んでも全て掘り起こされてしまう可能性が高い。よって、それらを除いた種類が対象となる。具体的には、ウデナガガエルの仲間やセネガルガエル・オビナゾガエル・モモアカアルキガエル・ヒメアマガエル・ステルツナーガエル・アメリカミドリヒキガエルあたりだろうか。後者2種類に関しては特に乾燥した環境を好むため、植物もその環境に合うものを選ぶ。

植物は、それぞれのカエルが好む環境に飼育環境に合う合わないかで選び、同時に頑丈さも求められる。葉が大きくて固めのサトイモ科の植物（ポトスやフィロデンドロン・アグラオネマの仲間など）はカエルがもし乗っても大丈夫なほどの大きさや安

定感を持つ種類が多いので向いている。ヤドクガエルなどによく使われるパイナップル科の植物（ネオレゲリアやフリーセアの仲間など）の中〜小型株なども使いやすい。パイナップル科の植物は流木やコルクに根を這わせて活着する種類も多く、メンテナンスも楽になるのでうまく利用したい。乾燥に強い植物となると、エアープランツ（チランジア）やサンスベリア各種・多肉植物の仲間などが候補として挙げられる。

「どんな種類でも生きた植物は枯らしてしまう」という人の場合、ビバリウムとはやや異なってしまうかもしれないが、近年は人工の植物（フェイクプランツ）も出来栄えが良いものが多く、見ためも悪くないので、それらを利用しても良いだろう。ただし「生き物飼育用」として各主要メーカーから販売されているもの以外（100円均一のものや通販で購入するもの）を使う場合は自己責任となる。「水に濡らしたら染料が溶け出た」などの例も多いので、使う前に必ず念入りにチェックしてから使うようにすること。

床材は通常の飼育に準じて問題ないが、あまり粗いものだと植物を植え込むことが難しいため、ソイルや赤玉土・セラミックタイプの園芸用土（いずれも小粒のもの）などが良い。植え込みが難しかったり、メンテナンスを重視しておきたいようであれば、植木鉢に植えられた植物をそのまま植木鉢ごとケージに入れるというのも1つの方法だ。その場合はある程度床材のメンテナンスをすることを前提となる。いずれにしても、あまりに細かい植物で埋め尽くされたようなレイアウトにしてしまうと、特に中〜大型種の場合は居場所がなくなってしまうので、流木やコルクなどをうまく配置して彼らがいる場所（間隔）を取るイメージでやりたい。

日常の世話

—Everyday cares—

ここからは日々のメンテナンスの話。
生き物の飼育に餌やりや掃除などのメンテナンスは必須で、
それはカエルにもあてはまります。
しかし、「メンテナンス＝手をかける」だけではありません。
特にカエルの場合、観察することも大切なメンテナンス作業です。
趣味は手間暇を楽しむものだと昔から言われているように、
日々の世話、そして、観察を楽しく思える人こそ
真の飼育者であり趣味人です。

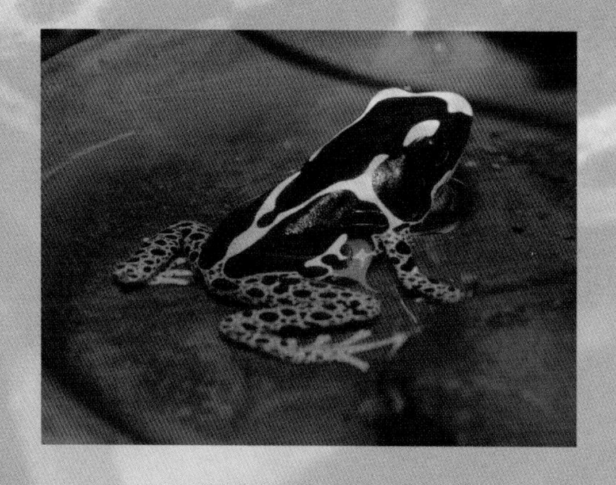

餌の種類と給餌

CHAPTER1の「分類と生態」の項でも解説したとおり、カエルのほとんどは肉食（昆虫食）である。基本的に野生下では口に入るサイズの昆虫や節足動物、場合によっては小型の爬虫類や両生類・哺乳類などを食べているので、飼育下での餌はそれに準ずるものを与える。

専門店や量販店などで購入することのできる生きた餌で、今回紹介している地上棲・地中棲のカエルが好むものを大まかに挙げると、コオロギやレッドローチ・デュビア・ハニーワーム（成虫の蛾を含む）・ミルワーム・ショウジョウバエなどである。コオロギやレッドローチ・デュビアは現在、さまざまなショップで各サイズ販売されているので、飼育種に合ったサイズを購入する。サイズの選びかたとしては飼育しているカエルの口の横幅弱のサイズ（もしくはそれより少し小さいサイズ）がちょうど良い。特にヒキガエルやヤドクガエルのように舌を鞭のように使って食べるタイプは、大きな餌だと舌に付きにくかったり口に入りに

フタホシコオロギ

イエコオロギ

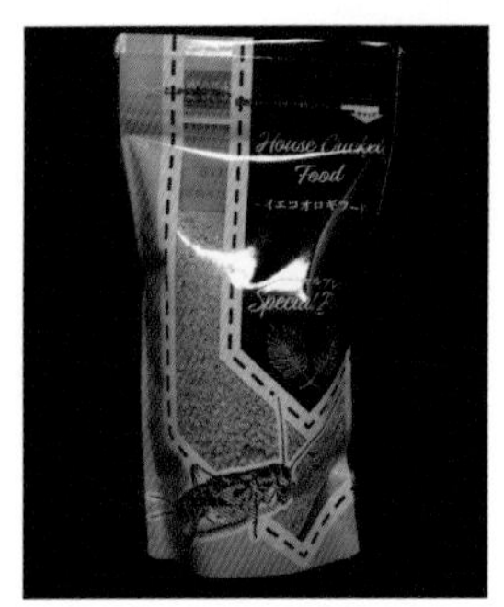

餌コオロギ用のフード

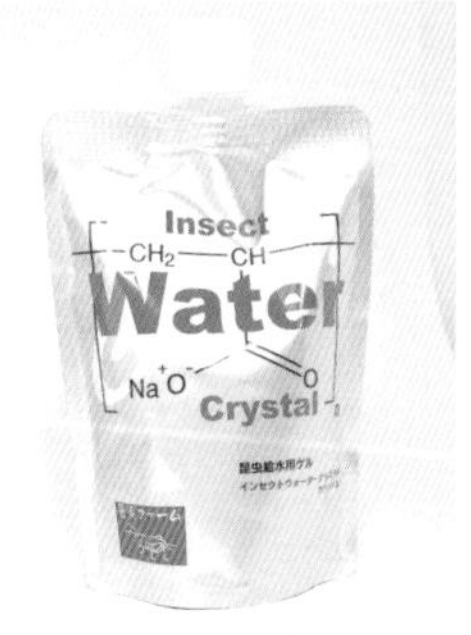

コオロギストック用の給水ゲル

添加用のカルシウム剤

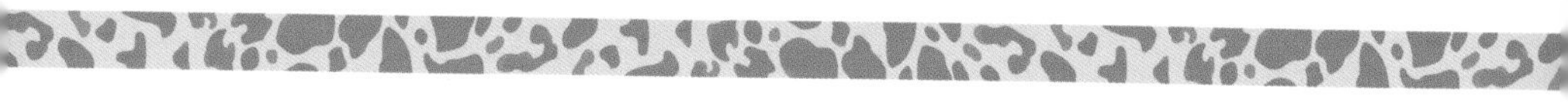

くかったりするなど不向きなので、やや小さめをベースに考えてサイズを選ぶ。

ハニーワームやミルワームは動きが食欲をそそるようで餌付きが非常に良いので、WC個体の導入初期の餌付けには良い。ただし、どちらも消化が若干悪く栄養のバランスがやや悪いので（脂肪が多いなど）、主食とはしない。

給餌間隔は種類やそのサイズによってかなり異なるため、まとめて解説するにはやや無理があるが、いくつかに分けてみていきたい。地上棲の種類だが、成体に近い個体であればどれも2〜3日に1回程度の給餌を基本とする。いずれも1匹あたりに与える量としては、体に対してちょうど良いサイズの活昆虫なら10〜15匹程度食べていれば生活する分には十分だろう。地中棲の種類は、さらに給餌間隔を長くする。元々自然下でも餌に巡り会う機会が少なく、そのために代謝も遅くなっているため、過剰な給餌は肥満を引き起こし、結果、突然死を招きかねない。10日前後に1回程度を目

デュビア

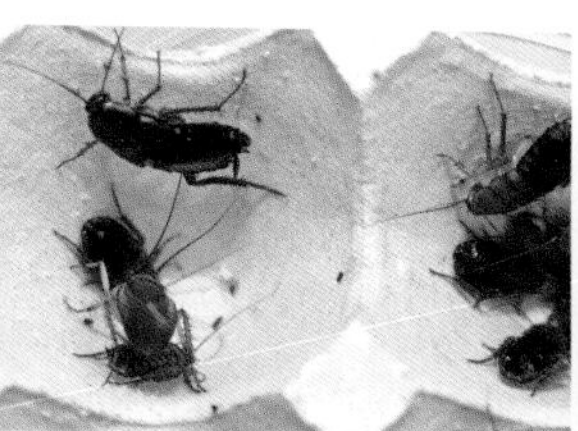
レッドローチ

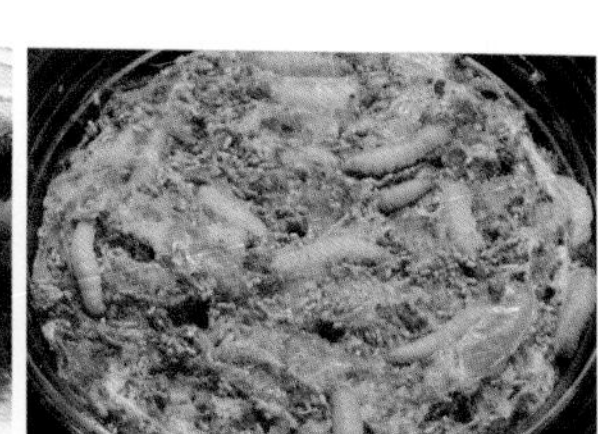
ハニーワーム

デュビア用のフード

レッドローチ用フード

専門店などでは各種各サイズの餌が市販されている

安にし、餌を探すために地上に出てきている時を見計らって与えることができればベストである。掘り出して与える人も多いが、それは過食の原因になりやすくストレスにもなるので推奨しない。

給餌は基本的にケージ内へばら撒いて与える。待ち伏せ形の種類や大型種はピンセットから食べてくれるようになることも多い。夜間に活動している時、ピンセットでそっと目の前（目の焦点が合うであろう位置）に差し出して軽くアクションをつけてみれば飛びついて食べてくれるかもしれない。中～大型のヒキガエルの仲間やアフリカウシガエル・ソロモンハナトガリガエルなどはピンセットからの給餌を受け入れてくれることが多い。一方で小型種や神経質な種類はそれが非常に難しく、5cm以下のカエルの場合は小さな餌をピンセットで摘んで与えるということが物理的に難しいだろう。

メダカ

トビムシ

キイロショウジョウバエ

ホシワラジムシ

餌用の容器。
脱走されにくいよう返しがある

陶器の皿。
コオロギなどが滑って脱走しにくい

餌用に市販されている小赤

ツノガエルの給餌

ツノガエルの仲間に関しては餌の種類や給餌方法・間隔が他の種類とやや異なる。まず餌の種類だが、本来は共食いによって成長していく生き物である。カエルを与えることは現実的ではないので、それに近い魚類（餌用のメダカや金魚・冷凍のワカサギなど）が望ましい。魚類に対しては餌付きが良く、冷凍であったとしてもほとんどの個体がすんなり食べてくれるだろう。昆虫類も良い餌だが、元々遺伝子的にそれらを食べるようにインプットされていないためか、食べ慣れていない個体の場合、いきなり与えても食べない場合も多く注意が必要。人工飼料は近年さまざまな製品が発売されている。ツノガエル専用のものはもちろん、そうでないものでも対象として合致するものは多い。たとえばレパシー社のゲルフード（「ミートパイ」や「グラブパイ」など）は総合栄養食としても利用価値は高い。ただしあくまでも「個体が人工飼料に餌付いていること」が条件となるため、餌付くまでは活き餌を与える必要があるかもしれない。ツノガエルの餌としてしばしば取り上げられる冷凍マウスに関しては筆者はあまり推奨しないが、大型の個体の一部には、ピンクマウスなど体に対して小さいものであれば栄養強化剤のような扱いとして与えても良い。

給餌間隔は、体長3cm程度までの幼体であれば2～3日に1回、3～6cm程度の中型個体であれば3～4日に1回、6cm以上の大型個体（成体）であれば1週間に1回程度与えるのを目安とし、カエルの活性具合や餌の種類などによって多少前後させるようにする。人工飼料は消化が良いものが多いが栄養価はどれも高いので、特に中型以上の個体が欲しがるままに与えると肥満になりやすいので飼育者が加減をしよう。

給餌方法に関しては、ツノガエルの場合はピンセットでの給餌を基本とするが、やり方を間違えているケースも散見される。よく見かけるのは頭上から垂らすようにして与える方法だが、餌が上から降ってくるなんてことは自然下ではあり得ない。慣れた個体であればそれでも飛びついて食べてくれるが、慣れない個体やWCのアマゾンツノガエルなどやや神経質な種類はそれでは見向きもしないことが多い。ピンセットで与えるにしても、あたかも餌が生きているかのように目の前（焦点が合う先）で動かしたりして食い気を誘うように工夫する必要がある。それでも食べないような個体であれば、生きた魚類や昆虫を与えるようにしたい。

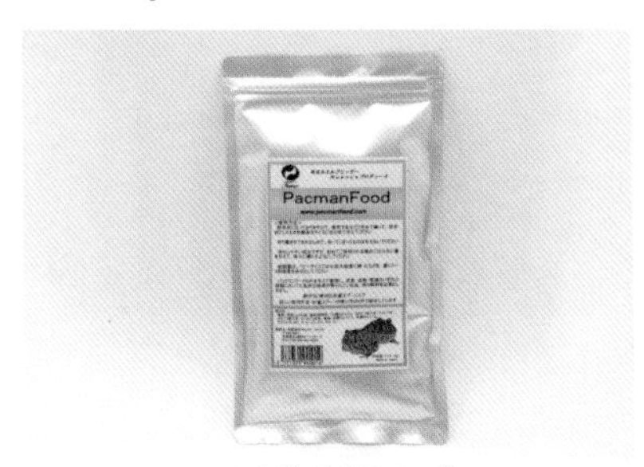

ツノガエル用のフード

メンテナンス

カエルの飼育においては他の生き物以上に人間が干渉することをできるだけ少なくしたいため、メンテナンスも最小限に留めたいところである。日々の世話は、給餌と目立つ糞や汚れを取り除く・霧吹き・水入れの水換えだろうか。しっかり植物を植え込んで作り込まれたビバリウムで飼育する場合は、霧吹きと給餌のみで良いケースも多い。

給餌は先で解説したのでそちらを参照してほしい。糞を取り除くのは気がつき次第床材と一緒に摘んで捨てる。小型種で糞が目立たない場合は、床材の全交換のみで対応すれば良いだろう。地上棲・地中棲種に関しては特に床材に接地している時間が長いため、床材の汚れには注意する。

霧吹きに関しては飼育する種類や自身の部屋の環境・ケージの通気性によって異なる。特にケージの通気性によって回数は差をつけるべきであり、やや保湿力のあるケージなのに何度も霧吹きをしてしまうと、常に高湿度の蒸れた状態になりかねない。逆に通気性の良いケージを使っていて1日に3回も4回もやったところで壁面の水滴は次の日には蒸発してしまうというのであればその回数でも問題ない。自身がケージの中を見て乾いているかどうかを判断しつつ行うようにしたい。あとは種類によってやや乾き気味の環境を好む種類と多湿気味を好む種類がいるので、それは個々の種別解説を参考にしてもらいたい。保湿具合の判断についてだが、湿度計を設置する方法もあるが、筆者個人的な意見としてはどちらでも良いと思っている。仮に「湿度60〜70%を維持してください」と筆者が指示をしたとして、いったい何人がそれを維持できるか。おそらく筆者も無理である。1日の中で世話ができる時間は限られていて、それ以外の時間で指示された湿度維持のために加湿や除湿ができるかという話に

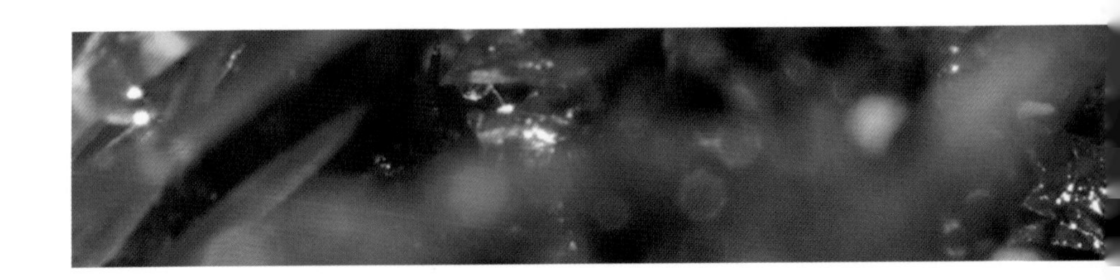

なってくる。必要以上にパーセンテージにこだわらず、「各々の目」でケージ内やカエルの動きを確認して判断し、霧吹きの量やタイミングを調整する。床材を見て湿っているか乾いているか？　壁面の水滴はどのくらいの時間で乾くのか？　そのくらいは自身で世話をしていれば最後にやった時間帯も覚えているだろうから、飼育経験が浅くてもある程度はわかるはずである。それによって霧吹きの量の増減・間隔を空けるか縮めるかを判断すれば良い。カエルの行動を観察し、たとえばいつもより水入れに入ることが多いなどの行動が見られたら「常に乾燥気味になっている可能性があるから、霧吹きの量や回数を増やそうか?」などの判断ができるわけだ。もちろん、湿度計を設置してはいけないというわけではないが、湿度（数値）に敏感になりすぎて過剰なメンテナンスをしてしまうことを防ぐ意味でも、目測（観察眼）を大切にしたい。これは温度にも言え、温度計ばかりを信用しすぎず、生き物の動き（ケージ内で居る場所など）を観察しながら、寒いのか暑いのかを飼育者が察知できるように心がけよう。

最後に水入れの水換えだが、これは大切で、可能ならば毎日でも行いたい。観察していると活動時間に水に浸かる姿を見かけると思う。そこで保湿（保水）を行うが、カエルは全て皮膚や総排泄口から多くの水分を摂取するため、その水が汚れた水であれば、汚れ（アンモニアなどの毒素）も一緒に体内に取り込んでしまうことになる。それがいわゆる「自家中毒」というもので、要は「自爆（自滅）」である。それを防ぐ意味でも、水入れの水は常に新しく新鮮なものにしておきたい。特に複数飼育している場合は大きめの水入れをできれば複数用意しこまめに水換えをする。

健康チェックとトラブルなど

先の保湿の部分でも少し触れたが、「見ため」というものは大事である。メンテナンスをしながら日々観察していれば、一見何事もないように見えても普段の行動と少し違うなど個体の異常（病気や怪我など）に気づくことも早くなり、大事に至る前に対処できるかもしれない。カエル全般は非常にデリケートであり、異常が出てから数日、下手をしたら1〜2日で死亡してしまう例も多いので、観察眼を養ってできるだけ早い段階で対処できるようにしよう。いくつか例を挙げて解説する。

1　皮膚の異常（赤いただれや溶解など）
2　外傷
3　体内の寄生虫
4　食欲不振

カエルの飼育において、1の皮膚トラブルは切っても切れない存在であると言える。鱗のない生き物なので皮膚がダイレクトにダメージを負ってしまうため異常が出やすい。よく見られるのは皮膚が赤くただれたようになる症状で、細菌性感染症の場合が多い。樹上棲のカエルに比べると地上棲・地中棲のカエルは皮膚が厚く丈夫な種類も多いが、一部のWC個体にしばしば見られ、輸送中に発症するというよりは、おそらく現地でのストック中に菌を拾ってしまい、輸送中の入れ物の中で悪化するというケースが多いと推測する。先のメンテナンスの項でも解説したが、水入れや床材が不衛生だとそこで菌を拾う可能性も高い。特に古いプラケースは細かい傷が付いている場合が多く、その傷の中に菌が溜まりやすいので注意が必要。発見が早ければ民間療法（熱帯魚用の薬品など）で治る可能性もあるが、多少進行してしまうと手遅れになってしまうのと同時に、同居するカエルがいたら全個体に蔓延してしまう可能性もある。そのスピードは速く、治せない場合も多いので、治療というよりはそうならないようにするための日々の予防が大切となる。万が一それらしい症状のカエルが出てしまったら、まずその個体を隔離する（もしくは他のカエルを新しいケージに移す）、発症したケージを掃除した手やピンセットでその他のケージを触らないようにする、発症したケージのメンテナンスは他のメンテナンスが全て終わった後（最後）にするなど、万が一の場合に菌が他に拡散しないよう予め対処する。

2の外傷は飛び跳ねることの多い種類（ナンベイウシガエルやミツヅノコノハガエルなど）が、飼育ケージ内で鼻先や頭上などをぶつけて傷を負ってしまう例が多い。輸入する際の移動中に容器の中で鼻や頭頂部を擦ってしまい皮膚が剥けてしまう例も目立つ。後者は飼育者ではどうにもならないので、自信のない人はそれらの購入を避ければ良い。前者に関しては、樹上棲種に比べると地上棲・地中棲種においては

意外と少ないのだが、飼育中の個体がどうしても鼻をぶつけてしまうようであれば、ケージ全体を紙などで被い、目隠しをするような形で落ち着かせたり、ガラス面を造花などでも良いので内側から覆ってカエルに外を見せないことで多少解決することもある。傷はよほどの大怪我でなければ基本的に放置していれば脱皮を繰り返して自然治癒される。その場合はケージ内を多少乾き気味にしておくと治りも早いだろう。また低刺激性の軟膏を使用する方法もあるが、これはあくまでも民間療法でありここで詳細を書くことは避ける。詳細はショップなどに尋ねてほしい。

3の寄生虫は、ヒキガエルの仲間など中〜大型のWC個体で特に見られる（特にミヤコヒキガエルにはしばしば見られる）。WC個体を飼育していて水入れに糞をした時に中を見てみると、白くて細長い虫（線虫）が動いていることがある。それが寄生虫で、カエルを宿主としている。そのように考えると不安になりすぐにでも駆虫をしたくなるだろうが、カエル自身が健康で餌もよく食べ、見ためにも不調がないようであれば、ひとまずそのままでも問題ない。寄生虫も宿主を殺してしまうと自身も死んでしまうことがわかっているため、カエルが健康的であれば寄生虫とのバランスを保てて状態を崩すことはないだろう。ただし、カエルの調子が悪くなると寄生虫の強さが優ってしまう危険性もあるので、心配であれば動物病院で検便をしてもらうなどの対処をすると良い。

4の食欲不振は、単にカエルの具合が悪いと考えられがちだが、その他にもいくつか原因が考えられる。カエルの具合が悪い、もしくは環境が不適合ということも考えられるのだが、他に例を挙げるとすれば「休眠・冬眠時期」「餌のサイズや種類が合っていない」などがある。特に休眠・冬眠時期は爬虫類飼育においてはだいぶ周知されているが、カエルを飼育する中で考える人はまだ少ない。しかしそのような習性を持つカエルは多く、主に四季や極端な雨季乾季のある国が原産の種類はその傾向がある。特にアフリカ原産の種類や北米原産の種類の多くは、生息域において長い乾季や冬、そして過剰に暑い夏がある。その間は地中に潜って餌を求めないうえに、代謝を自ら落としているため食べなくても痩せない。他にはツノガエルやチャコガエル・ユビナガガエルの仲間なども同様の習性を持つ。それを知らずに餌を食べないからとあれこれ環境をいじくったり無駄に病院に連れて行ってしまうと逆効果になりかねないので、飼育する際はこの習性を必ず頭に入れ、不安であれば購入したショップに相談すると良い。

以上、よくある事例を紹介したが、いずれの場合も、筆者は医師免許を持っていないため詳しい治療方法(薬品名や使用方法)などを記載することができない。万が一上記のような症状が見られたら、まずは購入したショップに相談して対処方法を聞くことがベストである。もしショップでどうにもならないような症状であると判断すれば病院等を紹介してくれるであろうし、民間療法や日々のメンテナンスで対処できるようであればその旨を伝えてくれるであろう。ただ、そうならないためにも日々生体や飼育環境を観察し、体や動きに異常がないか、餌を食べているか、飼育環境が知らず知らずに変わっていないかなどを確認するようにしたい。

地上・地中棲カエルの繁殖

—Breeding of Terrestrial Frogs—

自身が飼育管理しているケージの中でカエルが繁殖すること。
飼育者の楽しみの1つであり、
同時に飼育の集大成とも言えるでしょう。
近年はカエルを含めて爬虫類・両生類の
飼育下での繁殖例も多く聞かれるようになりました。
とは言え、一部の種類を除いて
カエルの繁殖というものはひと筋縄ではいきません。
飼育する前から繁殖を考えている人は
考えを改めたほうが良いかもしれません。

繁殖にチャレンジする前に

筆者がこの業界に入った2000年代初頭に比べ、爬虫類・両生類はもちろん、魚類・甲殻類などいずれの分野でも、近年は繁殖を目指して生き物を飼育する愛好家が増えたように感じる。世界的にも開発などの影響で野生個体が全般的に減少している昨今、愛好家が繁殖させた個体（CB個体）の出回る数が増えれば増えるほど、そしてそのCB個体が流通の主になればなるほど、それは良いことである。しかし、カエルの繁殖は誰でも簡単にできるものではない。本書で取り上げた地上棲・地中棲のカエルは「完全自然繁殖は困難な種類がほとんど」と言っても過言ではない。初めて飼育をするというレベルの人がいきなり繁殖を考えているという場合も見受けられるが、言ってしまえば間違いである。まず1年通じてその種類をしっかり飼育ができてから話を始めてもらいたい。カエル全般に言えるが、特に外見での確実な雌雄判別が困難な種類が多い。近年は爬虫類や両生類において「ペア販売」が多く見られ、顧客も雌雄（ペア）を指定しての購入が当たり前のような風潮になりつつあるものの、本書で紹介しているカエルにおいては一部の種類を除き、確実なペアもしくは雌雄を指定することはナンセンスである。成体となった時に体の一部に雌雄差が出る種類（ヤドクガエルやユビナガガエルの一部など）もあるが、多くの種類ではサイズ差（たいていはメスのほうが大きい）などで何となく雌雄を判断するか、基本的には多数を購入してペアを「当てる」ことがペアを揃える近道。繁殖経験があるなどの「確実なペア」が販売されていたとしたら、金額には代えられない貴重な存在とも言える。

先にも書いたように、繁殖を目指すことは悪いことではなく、むしろ良いことだ。しかし、爬虫類や両生類という生き物はそう簡単に繁殖させられる生物ではなく、その中でカエルの仲間は特にそれがあてはまる。『繁殖＝うまく飼育できたことに対するご褒美』といった具合に考えたうえで、飼育、そして繁殖へトライしてほしい。ここで断っておくが、ツノガエルの仲間やアフリカウシガエル・一部のヒキガエル・トマトガエルの仲間などのCB個体が安定して市場に見られる。それらはいずれも飼育下での完全自然繁殖によるCB個体ではなく、ほとんどが胎盤性生殖腺刺激ホルモンを注射することによる繁殖個体。実際、それらのカエルの飼育下での完全自然繁殖（薬品を使わない繁殖）の例自体は国内外含めて稀である。それら以外のカエルに関しても、ヤドクガエルなどを除き、繁殖例自体が稀な状況だ。ホルモン注射によるCB個体が別に生き物として悪いものというわけではないので、その点は誤解しないでほしい（ホルモン注射は一般の飼育者ができることではないという点を理解してほしい）。それほど地上棲・地中棲種の飼育下での完全自然繁殖の事例が少なく、繁殖方法と言えるほどの確たるデータもあまりない。そうなると、本稿が成り立たないのだが、近年の愛好家の手腕はすばらしく、筆者周辺の熱意ある愛好家がさまざまなカエルの繁殖に成功している。『樹上棲カエルの教科書』に続き今回も、そのすばらしい功績・実績（データ）を、貴重な写真と共にいくつかご紹介する。

ミツヅノコノハガエル
Megophrys nasuta

●繁殖ケージサイズ　900×450×450（高さ）mmの市販の前開き爬虫類飼育用ケージ
●繁殖ケージ内の飼育個体数　4匹（オス2・メス2）から開始。後に有望なペアのみに
●飼育気温　通常時（乾季）は17~20℃前後、繁殖時（雨季）は23～25℃前後
●考えれられる繁殖のポイント　通常飼育時と繁殖時のセッティングを明確に分け、しっかりした雨季と乾季（生息域は乾季がないため乾季と言ってしまうと厳密には間違いだが、わかりやすく表現した）の再現により発情を誘発することが大きなポイント。通常飼育時は赤玉土を用いた地上棲種のオーソドックスなセッティングで、繁殖時は床材なしで全面に水を張り、陸地と隠れ家を兼ねて炭化コルクやコルク樹皮・流木・市販のシェルターを配置。雨季に不可欠な大量の降雨の再現はレインチェンバーを使用し、1日2～3回、10分間前後ずつ作動。これは水中ポンプを設置し、ケージ内の水を汲み上げて上からシャワーパイプで雨のように降らすスタイル。ヤドクガエルなどに使用されるミスティングシステムを用いるという人も多いが、繁殖時に水への依存度の高い種（水中に産卵する種類など）に関しては、ミスト程度では産卵の促進にはならない可能性が高い。激しい降雨の雨粒が地面や水面に叩きつける音や振動も彼らの五感を刺激していることは十分考えられるだろう。シャワーヘッドなどを利用して散水しても良いかもしれないが、水をどんどんケージに流し込むことになるので、溢れてしまわないよう配水システムを設置など配慮したい。本種に関してはペアの相性は重要だと考えら

れる。本来はオスがメスにアタックするのだが、メスが気に入った特定のオスしか受け入れないという様子が見られ、メスがそのオスに合図を出すような仕草も見られた。よって、繁殖を目指すためには1ペアのみだと難しい可能性が高いだろう。

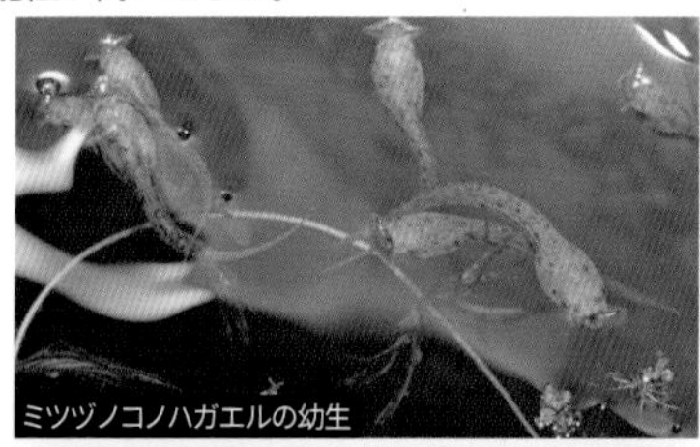
ミツヅノコノハガエルの幼生

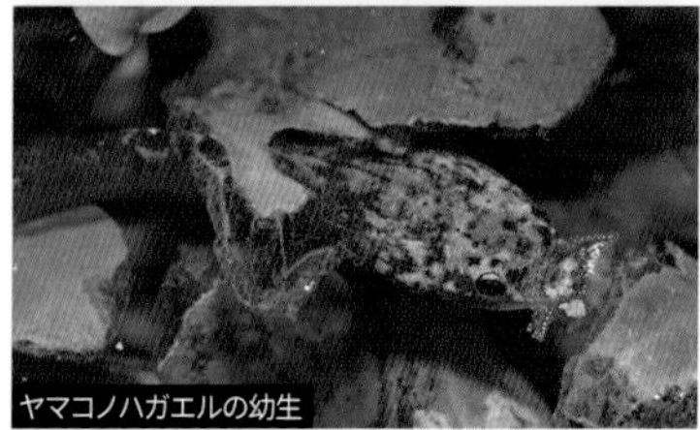
ヤマコノハガエルの幼生

グリーンマンテラ
Mantella viridis

●繁殖ケージサイズ　600×450×360（高さ）mmの観賞魚用水槽を流用（蓋はパンチングボード）
●繁殖ケージ内の飼育個体数　5匹（オス1・メス4、と思われる）
●飼育気温　夜間17～19℃前後、日中22～24℃前後
●考えられる繁殖のポイント　飼育設備や大まかな飼育方法はヤドクガエルなどと大きな差はない。違いと言えば、マダガスカルの気候を考えると昼夜の温度差は必須と思われ、特に夜間に温度を大きく下げることは重要と考える。ヤドクガエルの繁殖も種類によっては昼夜の温度差はポイントとなるが、それ以上に差をつける必要があるだろう。また、多少の雨季・乾季の差（ミスティングの強弱）も設けたほうが良いだろうと考えられ、霧吹きのみで管理していたものを1日3回、1分ずつのミスティングシステムを導入してから繁殖が始まった（これに関してはそれがきっかけか、もしくはたまたまなのか不明）。産卵は地面の上に直接行われ、コルクや流木・落ち葉の下に産卵することが多いので見落とさないように注意する。その卵は床材ごと取り出し、薄く水を張った保湿のできる容器にて管理したが、生息地では強い降雨に合わせて孵化をすると考えられるため、孵化直前になったら霧吹きを多めにして孵化を促した。

グリーンマンテラの卵塊
幼体の飼育ケース（グリーンマンテラ）

ステルツナーガエル
Melanophryniscus stelzneri

●繁殖ケージサイズ　750×450×300（高さ）mmの水槽（蓋はパンチングボード）
●繁殖ケージ内の飼育個体数　5匹（オス3・メス2）
●飼育気温　夜間17～19℃前後、日中23～25℃前後
●考えられる繁殖のポイント　生息地の気候を考えると雨季乾季のメリハリと昼夜の温度差、どちらも大切だと考えられるのだが、思ったよりも大きな差は不要だった。過度に高温になるような地域には棲んでいないため、低めの気温がキープしやすい冬場にミスティングを多めにするなどの仕掛けをし、ケージ内に水深10cm前後の水場を設けたところ産卵に至った。通常の飼育スタイルは他の地上棲種と大きく変わらず、赤玉土に水皿とシェルターのみのシンプルなもの。難点としては雌雄の判別が外見ではほぼ不可能であり、雌雄のサイズ差もほぼ見られない。鳴いたらオス、抱卵したであろう体型（腹）になった個体がいたらメス、というレベルの判別となる。上陸したカエルは非常に小さく、餌はトビムシが必須となる。キイロショウジョウバエやイエコオロギの初令サイズを食べられないので、繁殖を狙う場合、幼体の餌の確保は前もって行いたい。卵からの孵化は2～3日と早く、しっかり給餌できれば4～5カ月で親に近いような姿となり、1年少々で繁殖可能な個体となることがわかった。

キマダラフキヤガマの幼体（国内CB）

ソロモンハナトガリガエル
Ceratobatrachus guentheri

●繁殖ケージサイズ　450×450×450（高さ）mmの市販の爬虫類飼育用前開きケージ
●繁殖ケージ内の飼育個体数　5匹（オス3・メス2）
●飼育気温　夜間23～25℃前後、日中25～27℃前後
●考えられる繁殖のポイント　他のカエル同様に雨季・乾季のメリハリを設けた。しばらく霧吹きを少なめにして乾いた環境を続けた後、温度を高くする時期（春から夏）に霧吹きを多めにしたら活発な繁殖活動が見られた。ソロモンハナトガリガエル自体が他種よりもやや高めの温度を好むことが知られているが、このことからやはりやや温度が高めの時期が繁殖時期だと言えるだろう。産卵は地面に直接産み、メスがドーム状に穴を掘ってその中に産み落とした。そうでない場合もあったが、おそらく野生下でも穴を掘って産卵すると考えられる。よって、穴を掘ることができるような床材を使うことは大事なのではなかろうか。爬虫類や両生類は産卵場所が気に入らないと頑なに産卵をしないことが多い。好みそうな条件の場所を何パターンか用意してカエルが選択できるとより良いだろう。繁殖時のクライマックスは何と言っても「オタマジャクシの期間がない」ことである。卵から直接カエルが生まれるというシーンに立ち会えることは、飼育者にとって筆舌に尽くし難い喜びを得られる。通常のカエルは卵が孵化するのに要する時間が数日だが、本種は40日以上かかることもわかった（44日というデータがある）。さまざまな面において異色なカエルだと感じるだろう。

スペースの都合上、簡単になってしまったが国内での繁殖例を紹介した。繁殖の詳細は専門雑誌などに取り上げられていることもあるので、興味のある人はそれを探してみても良い。これらの他にも本書で紹介した種類の中で、国内で完全自然繁殖の例があるカエルを筆者の記憶、または周囲の情報のかぎりこちらにまとめておく（子ガエルになった事例のみ紹介。オタマジャクシや産卵・排卵までの例は除く）。以下の種は少なくともチャンスはあると思ってもらって良いかもしれない。

・ヒメアマガエル
・リオペスカドフキヤガマ
・アズマヒキガエル
・ニホンヒキガエル
・キマダラフキヤガマ
・ミヤコヒキガエル
・ヤドクガエル全種
・ツノガエル全種

このくらいであろうか。もちろん、筆者の知らないところでの繁殖例もあるだろうが、その点は了承してほしい。どれも共通して言えるのは、「安定して数年に渡って毎年定期的に繁殖している事例は少ない」ということ。あくまでも「例があった」というだけなので、そこを間違えないように。地上棲・地中棲カエルの繁殖は、「ほぼ不可能」という0.1%のものを飼育者の技術と努力によってどれだけ高められるか、そこにかかっていると言えるだろう。

ヤドクガエル産卵用のケース。壁面に設置するタイプ

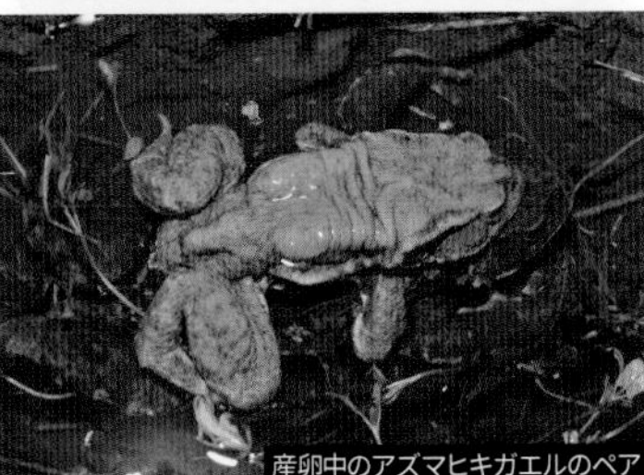

産卵中のアズマヒキガエルのペア

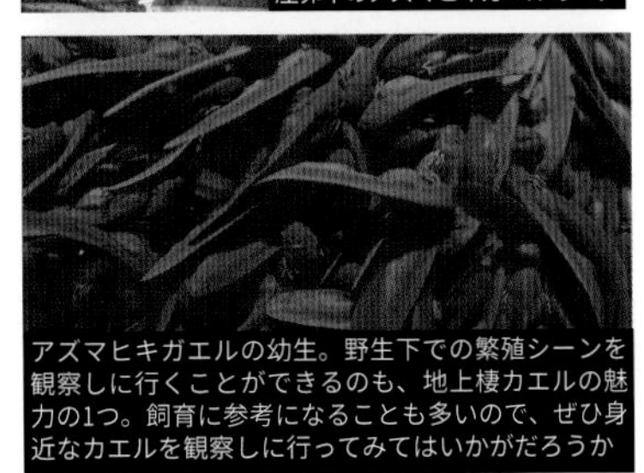

アズマヒキガエルの幼生。野生下での繁殖シーンを観察しに行くことができるのも、地上棲カエルの魅力の1つ。飼育に参考になることも多いので、ぜひ身近なカエルを観察しに行ってみてはいかがだろうか

How to keep terrestrial Frogs

世界の地上棲・地中棲カエル図鑑

—Picture book of Terrestrial Frogs—

自身が飼育管理しているケージの中でカエルが繁殖すること。
飼育者の楽しみの1つであり、同時に飼育の集大成とも言えるでしょう。
近年はカエルを含めて爬虫類・両生類の
飼育下での繁殖例も多く聞かれるようになりました。
とは言え、一部の種類を除いてカエルの繁殖というものはひと筋縄ではいきません。
飼育する前から繁殖を考えている人は考えを改めたほうが良いかもしれません。

パグガエル
（クチナシウミボウズガエル）
Glyphoglossus molossus

分布	タイ・ラオス・カンボジア・ミャンマーなど
体長	6〜9cm前後
飼育タイプ	地中棲保湿タイプ

【図鑑の見かた】

和名もしくは流通名。日本国内で呼ばれている名前

学名。属名＋種名で構成されるもの。括弧併記があるものは今後の分類によって変わる可能性があります

体長。無尾目（カエルの仲間）の大きさは「体長」で示します。尾がないので口先から腰までの長さのこと

飼育タイプの目安を示してありますが参考程度に。この限りではありません

若い個体

アフリカウシガエル

Pyxicephalus adspersus

分布	ザンビア・マラウイ・モザンビーク・それ以南のアフリカ南部。北部はタンザニア・ケニアまで
体長	15〜20cm前後
飼育タイプ	ツノガエルタイプ

成体

ウシガエルと言うと日本人はどうしても田んぼや沼地で「ボーボー」と鳴いている種類を思い浮かべるかもしれないが、本種は全くの別種。生息地も異なり、本家のウシガエルがアメリカ合衆国なのに対し、本種はアフリカ大陸中部から南部を中心に広く分布する。ペットとしては古くから流通しており、以前はアメリカ合衆国からの繁殖個体が中心で、稀に野生個体の流通も見られたが、最近は台湾や国内での繁殖個体が流通の中心となり、野生個体の流通は皆無となってしまった。いずれの繁殖個体も胎盤性性腺刺激ホルモン（発情促進剤）を使った繁殖であり、飼育下での完全自然繁殖の例は世界的にもほぼないと言えるだろう。それには本種の野生下での特殊な習性や環境が関係しているのかもしれない。気候が厳しく降雨も少ない場所に棲み、産卵をしても水場が干上がってしまいそうになることすらある。そんな時、近くに別の水場があれば、親が体（お尻）で穴を掘る要領でぐりぐりと地表を掘り進み、水のある水場から卵がある場所まで「水路」を作って水を導き、卵のある水場が干上がることを防ぐという、特異で興味深い習性を持つ。このような習性を鑑み、そして、特殊で過酷な環境を飼育下で再現することは難しい。それ故、自然繁殖が困難なのかもしれない。

飼育自体は容易な部類であり、昔からツノガエル各種と並び初めての人でも十分トライできるカエルとして親しまれている。飼育もツノガエルに準じるが、本種は悪食・過食で、動くものは何でも食べてしまうほどだ。どうしても食べさせすぎてしまう傾向にあり、幼体期はまだ良いものの、成体に近くなって過食させてしまうと太りすぎで早死にさせてしまう例が多々見受けられる。飼育者が加減してあげよう。

なお、本種はカエルの仲間の中では珍しく、メスよりオスのほうが格段に大きくなる。人に両手で抱えられているような写真をたまに見かけるが、それらはオスであろう。その迫力のせいかオスの飼育を希望する人が多いが、幼体時での雌雄判別は不可能なので運に任せるしかない。

若い個体

コガタアフリカウシガエル

Pyxicephalus edulis

分布	ケニア・タンザニア・モザンビーク・ザンビア・ジンバブエ・ボツワナなど(チャドから西にかけてのアフリカ西部にも分布情報があるが確実ではない)
体長	8〜12cm前後
飼育タイプ	ツノガエルタイプ

成体

英名ではレッサーブルフロッグ。その名のとおり前述のアフリカウシガエル（*P. adspersus*）の小型版と言ったところであり、個体によっては色や柄も似ている。分布においても重複する地域があり、以前はどちらか迷う場面も多々見られた。実際、調査時にも誤同定が生じているという話もあり、生息域の情報はやや不正確な部分があると言える。サイズ以外だと本種のほうが皮膚の突起が滑らかで少なめであることや、腹面の黄色の発色が強い点などが相違点として挙げられるが、本種には地域差があるため一概には言えない。強いて言えば、アフリカウシガエルの成熟した個体、もしくはそれに近い個体は体全体が濃いめの緑色に覆われて模様が消失する傾向にあり、筋状の突起が顕著に表れる個体が多いため、そこから判別するのが確実かもしれない。

飼育は容易でアフリカウシガエルに準ずる。本種のほうが活発でよく動き回る（跳ね回る）傾向にあるため、メンテナンス時は注意。乾燥にも強いが水への依存度は本種のほうが高いため、可能なら広めの水場を用意し、過度な乾燥は避けてあげたい。主にタンザニアやモザンビークから野生個体が定期的に輸入されていたが、いずれの国も2014年頃を最後に動物全般の輸出を完全にストップしてしまった。なぜか繁殖個体が出回ることがなく、2024年現在もそれは見られないため、市場から本種の姿がほぼ完全に消えてしまった。今後もタンザニアやモザンビークが動物の輸出を再開しないかぎり、本種の流通は見込めないだろう。

成体

成体

若い個体

角状突起が発達する

ミツヅノコノハガエル（ナスタミツヅノコノハガエル）

Megophrys nasuta（*Pelobatrachus nasutus*）

分布	マレーシア・インドネシア（スマトラ島・ボルネオ島など）・タイ南部・シンガポール
体長	10〜15cm前後
飼育タイプ	地上棲保湿タイプ

その独特な容姿で古くからカエルファンを惹き付けてやまない大型の地上棲種。昔からマレーシアやインドネシアからの野生個体の流通が見られ、近年は主にマレーシアのキャメロンハイランド周辺の個体群が多く輸入されている。名のとおり頭部の瞼にあたる部分と鼻先に3つの角状突起（尖った部分）を有し、枯れ葉への擬態に役立っている。求愛時のオスの鳴き声が独特で、やや高めの音程で短く声を発する（小型犬が吠える声に似ているとも言われる）。ボリュームはそこそこ大きめなので、飼育する際は近隣への騒音のことも頭に入れておきたい。オスは最大でも10cm程度であるがメスはさらに大型化し、全長が15cmを超える個体も存在する。そのようなメス個体は現地から輸出される時点で別扱いとされ、価格も倍以上になることがある。

一見すると大型個体のほうが丈夫で飼育しやすいと思われがちだが、大型個体は初期の餌付きが悪いことが多く、特に狭い環境やシェルターがないような環境だといつまで経っても餌を食べないことが多々見受けられる。性別問わずしっかりと落ち着ける環境を準備し、餌の種類もいくつか用意できるようにしておく。サイズ感・容姿・手頃な価格帯など全てにおいてペットフロッグとしての魅力が詰まっていて飼育意欲をそそられるカエルだが、昔から長期飼育が困難とされていた面もある。WC個体だとしても中型以下の個体は初期の餌付きが悪くなく、跳ね回ることも少ないので飼育開始当初はさほど難しさを感じない。だが、しばらく飼育していると皮膚に変な瘍（皮膚病）が見られて死亡したり、何の前触れもなく急死したりするケースも多かった。近年になり、それらは通気の悪さや床材の汚れ・高温などが原因ではないかと解明されつつあり、年単位の長期飼育例も増えてきた。また、飼育下での完全自然繁殖例も聞かれたりと、本種の飼育を取り巻く状況もかなり変化してきたと言えるだろう。とはいえ、総じて飼育が容易な種類とは言えないので、安価だからと安易に手を出さず、しっかり下準備をしてから飼育にトライしよう。

ヤマコノハガエル（モンタナコノハガエル）

Megophrys montana

分布	インドネシア （ジャワ島・スマトラ島の一部など）
体長	8〜11cm前後
飼育タイプ	地上棲保湿タイプ

ヤマコノハガエル

ミツヅノコノハガエルをそのまま全体的にひと回りスケールダウンさせたような容姿を持つ。本種はインドネシアにのみ生息しており、古くから知られているわりにはミツヅノコノハガエルほど流通量は多くなく、1〜2年に1度まとまって流通する程度。飼育に関しては不明な点も多いが、ミツヅノコノハガエルに準ずる形がベターであり、通気が良く、清潔で落ち着ける環境を用意する。また、やや標高の高い地域の森林を中心に生息しているため、インドネシア原産だからといってイメージだけで高温に耐性があるとは考えないほうが良い。涼しいくらいの環境を用意するくらいの心がまえをしておくと無難だろう。

ヤマコノハガエル。
ミツヅノコノハガエルよりも角状突起は短い

マレーコノハガエル

Xenophrys aceras (*Megophrys aceras*)

分布	マレーシア・タイ南部・インドネシア（スマトラ島）
体長	6〜9cm前後
飼育タイプ	地上棲保湿タイプ

マレーコノハガエル

誰が呼んだか「宇宙人顔」を持つ小型のコノハガエル。角状突起（瞼や鼻先の突起）こそ先述の2種よりも短めだが、頭部は体のわりにやや大きめで、それが相まって珍妙な容姿に見える。その名のとおりマレーシアを中心に生息し、日本への輸入もマレーシア産の個体群が中心となっている。本種もヤマコノハガエル同様に流通は多くなく、やはり1〜2年に1度の流通といったところだろうか。飼育環境作りはしっかりしたいところで、やはり標高が高めの地域が主な生息地であるため、高温と蒸れへの対策は抜かりのないように。先述の2種よりもやや臆病で、輸入当初は餌への反応が鈍い個体もいるので、落ち着ける環境を用意することはもちろん、餌コオロギのサイズを下げたり他の種類の活き餌を用意してみるなどの対策を講じよう。

マレーコノハガエル。角状突起はさほど目立たない

カリンフトコノハガエル

Brachytarsophrys carinense

分布	ミャンマー南東部・タイ西部（いずれも南北に長い分布）・中華人民共和国南部
体長	9〜14cm前後
飼育タイプ	地上棲保湿タイプ

カリンフトコノハガエル

マレーコノハガエルの「宇宙人」に対して言うならば本種はさしずめ「妖怪」だろうか。顔も体も扁平で、1度見たらその容姿は目に焼きつくだろう。後述のユンナンフトコノガエルに似ているが、本種は瞼の上の角状突起が2本なのに対しユンナンフトコノハガエルは1本である点、本種の後肢には水掻きがある点、背中に隆起した条線がある点（ユンナンフトコノハガエルはない）で区別できる。しかし、同属別種である*B. platyparietus*とは混同されているとされ、流通時にも混ざっていた可能性は高い。本種の生息地はいずれも低温多湿であるが、風通しの良い雲霧林の小さな川に沿ったような場所であり、それを再現することが飼育の条件となる。先述のコノハガエルの仲間と好む環境は似ているのだが、本種はその条件をさらにシビアにする感覚だと思ってほしい。過去にはある程度の数が中国から定期的に流通していたが、ここ数年は保護の影響も強く流通はほぼ皆無となってしまった。ただし、過去の流通時に長期飼育例はほぼなかったようだ。ミツヅノコノハガエルの長期飼育例が出てきているため、現在、流通があれば長期飼育例も望めそうなのだが、もどかしいところである。

ユンナンフトコノハガエル

Brachytarsophrys feae

分布	中華人民共和国南部（広西チワン族自治区・雲南省）・ミャンマー北西部（中国との国境付近）・ベトナム北部など
体長	9〜11cm前後
飼育タイプ	地上棲保湿タイプ

ユンナンフトコノハガエル

先述のカリンフトコノハガエルに酷似した大型のフトコノハガエルの仲間。扁平な顔に扁平な体型と、一見しただけではほぼ同じに見えるかもしれないが、カリンフトコノハガエルの項にて解説したような相違点を見ることによって見分けは十分可能。好む環境もほぼ同様で、やはり高温と蒸れには弱い。通気の良い冷涼多湿な環境を用意できるようにしっかり下準備をして飼育に挑みたいところであるが、本種も近年の流通は非常に少ないので、狙って入手することは容易ではないだろう。

ユンナンフトコノハガエル。平たい体つきをしている

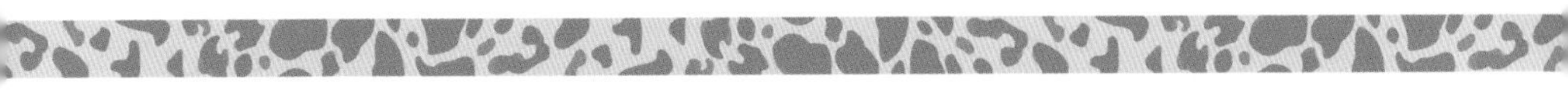

成体

亜成体

メス

ヘンドリクソンウデナガガエル（マラヤンウデナガガエル）

Leptobrachium hendricksoni

分布	マレーシア（マレー半島・ボルネオ島）・タイ南部・インドネシア（スマトラ島北部）
体長	4.5〜8cm前後
飼育タイプ	地上棲保湿タイプ

その名のとおり四肢が他のカエルに比べて長く見えるアンバランスなスタイルを持ち、前肢をしっかり着いて背筋を伸ばした状態（まるで犬がお座りをしているような姿勢）で座る姿がウデナガガエルの最大の特徴でもある。体に対して大きすぎるような目も特徴と言え、本種は特に虹彩全体が濃いオレンジ色であるため、眠りから目覚めて目を開いた時の衝撃は大きい。ウデナガガエルの仲間は数多く知られているが、日本へある程度定期的に流通しているのは本種程度だろう。だが、ここ数年は本種の流通量も減っており、マレーシアから年に1〜2回程度、少量ずつが輸入される程度となっている。輸入された個体群の中には激しいサイズ差が見られることがあるが、多くの場合において雌雄差であり、ノミの夫婦とまでは言わないが、本種を含むウデナガガエル属（*Leptobrachium*）はメスの成体がオスの成体の倍近いサイズとなる。故にペアを揃えたい場合、大きな個体ばかりを選んでしまうと全てメスとなってしまうので注意。

飼育はコノハガエルの仲間に準ずる形で良く、この仲間も地上棲で地面に腹を付けている時間も長いため、皮膚病などを発症しないよう床材の汚れには注意する。コノハガエルの仲間以上に夜行性傾向が強く、明るい時間帯は流木の下などで平たくなって寝ており、昼間に活動している姿を見たことがない。飼育下でも必ず昼夜のメリハリをつけ、真っ暗になる時間を設けてその時間に合わせて給餌する。夜間に小さな懐中電灯などでそっと「覗き見る」のが本種飼育の正しい楽しみかたである。

正面

スミスウデナガガエル

Leptobrachium smithi

分布	タイ西部から南部・ミャンマー南部・ラオス中部から南西部・マレーシア北部（ランカウイ島を含む）
体長	4～7.5cm前後
飼育タイプ	地上棲保湿タイプ

1999年に新種記載された比較的新しいウデナガガエルの仲間。ヘンドリクソンウデナガガエルに似るが、そちらは虹彩全体が色づくのに対し、本種では虹彩の上部（半分から3分の1程度）のみで見られるため、見分けは十分可能。本種のほうが脇腹や腹部にかけての黒い斑紋が多い傾向にあるが、これは個体差もあるので注意。過去の飼育例は少ないものの、生息地の環境などを考えると飼育はヘンドリクソンウデナガガエルに準じて問題ない。シェルターやコルクなどを入れ、特に導入初期は落ち着ける環境を用意して過剰な接触は控えるようにしたい。最初は餌を食べない個体も多いが慌てずじっくりかまえ、食べない場合はワラジムシやハニーワームなどコオロギ以外の餌（特に地面を這い回るような動きをするもの）も試してみると良い。

成体

ハッセルト
ウデナガガエル

Leptobrachium hasseltii

真っ黒な眼が特徴的

分布	インドネシア(ジャワ島・マドゥラ島・バリ島など)
体長	5〜7cm前後
飼育タイプ	地上棲保湿タイプ

先の2種が黄色やオレンジ色に色づいた虹彩を持つのに対し、本種は真っ黒な眼で雰囲気ががらりと変わる。その真っ黒な眼の脇（縁）にはほんの少しだけ水色に染まる部分があり、妖怪というよりも妖艶な印象を受ける。ウデナガガエルの仲間の多くはマレー半島に生息しているが、本種はインドネシアにのみ生息している。とはいえ、好む環境はあまり差はなく、先述の2種、またはその他のウデナガガエル同様の飼育方法に準じて良いだろう。流通数は多くなくいつでも入手できるわけではない。多頭飼育や繁殖を目的とするのであれば、流通があった時にある程度まとめて導入すると良い。

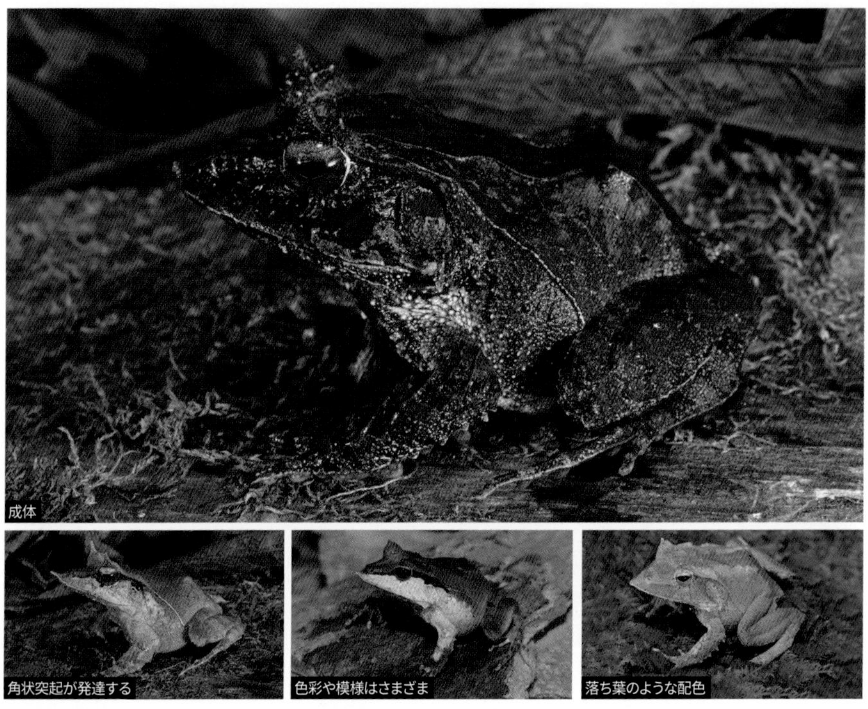

成体

角状突起が発達する

色彩や模様はさまざま

落ち葉のような配色

ソロモンハナトガリガエル（ハナトガリガエル）

Ceratobatrachus guentheri

分布	ソロモン諸島（マキラ島を除く）
体長	8〜10cm前後
飼育タイプ	地上棲乾燥タイプ

ソロモン諸島固有の中型種。ミツヅノコノハガエル同様、目の上と鼻先の突起が特徴で、やはり落ち葉に擬態するためのものだとされる。特に鼻先の突起は長く特徴的。跳躍力が強く、飼育下や輸送時にぶつけて欠損してしまう個体も多いのが残念である。色柄のバリエーションが豊富で、基本となる色は茶褐色だが、他にグリーンやイエロー・オレンジ・ツートンカラー（クリーム色と焦げ茶色など）・迷彩柄など挙げたらきりがないほどだ。採集場所によるものなのか単なる個体差なのかは不明だが、昔に流通していた時に比べて近年の流通時はそのバリエーションが少ないように感じる。その点から考えると、採集場所によるものなのかとも思うのだが、真相は不明。本種の最大の特徴として、オタマジャクシ（幼生）の期間がないという点がある。ほとんどのカエルは産卵して卵が孵化してオタマジャクシとなり、それが変態してカエル（成体）になるのに対し、本種は卵内で孵化・変態してカエルの姿になって出てくる。「ガチャポンガエル（カプセルフロッグ）」という愛称は言い得て妙ではないだろうか。飼育下でそれを見ることは簡単な話ではないが、昔から数件の繁殖例があり、近年も熱心な愛好家が繁殖に成功しているため、飼育者の情熱次第で可能性は十分あるだろう。

現地では鬱蒼とした森林の中ではなく、森林に近い風通しの良い草原や畑などが主な生息地とされる。多湿の環境は好まず、逆に乾燥には強いので、蒸れないように注意すれば飼育は難しくない。10年以上前はソロモン諸島から定期的な輸入が見られたが、近年はソロモン諸島固有の他種の輸出制限などが影響し、定期的な輸入は見られない（本種は輸出禁止ではない）。稀に繁殖個体が出回るものの、こちらもそれ以上に不定期なので、いずれにしてもいつでも手にできる種ではない。

成体

若い個体

幼体（CB）

リオバンバフクロアマガエル

Gastrotheca riobambae

分布	エクアドル（アンデス山脈に沿って南北に）
体長	4〜6.5cm前後
飼育タイプ	地上棲保湿タイプ

漢字にすると「袋雨蛙」。その「袋」の意味は、メスの背中には卵を育成するための袋（育嚢）を持つことを指している。袋の中で卵が孵化するまで育成し、オタマジャクシになってから背中の中央よりやや下にある穴から出てくるという特異な子育てをすることが、袋を持つことと合わせて本種（フクロアマガエルの仲間）の最大の特徴。日本のアマガエル同様に丸みのある顔と体型で愛らしく、日本人のイメージするカエル像にも近しいかもしれない。丈夫で、乾燥や多少の高低温どちらにも強いため、カエルの飼育に慣れていない人でも十分トライできると思う。ただし繁殖は、過去に日本国内における完全な飼育下での繁殖例はほぼないため、袋を使った子育てを見ることは容易ではないかもしれない。以前はエクアドルからWC個体の輸入も見られたが、ここ10年前後においてはエクアドルの野生生物保護の動きもありWC個体の流通は見られなくなった。代わりに、欧州諸国からを中心としてCB個体が比較的安定して流通しているので、入手のチャンスは十分あるだろう。

成体

歩くように移動する

セネガルガエル

Kassina senegalensis

分布	アフリカ中部以南のほぼ全域（熱帯サバンナ気候地域ほぼ全域）
体長	3〜4.5cm前後
飼育タイプ	地上棲保湿タイプ（やや乾燥寄り）

国名の後ろに単に「カエル」とだけ付けられた名前は珍しく、この名前だけ見るとどのようなカエルか全く想像がつかないであろう（このような名前になった経緯は不明）。とはいえ、セネガルだけではなく、トーゴやガーナ・ベナンなどのアフリカ西部、そして、アフリカ中部以南のほぼ全域という広範囲に分布する。古くから日本へ輸入が見られているポピュラーな地上棲の小型種で、こう見えてクサガエルに近い仲間という点が驚かされるかもしれない。

強健で、多少の乾燥や高温にも強く、導入初期の順応性も高い。餌付きも良い個体が多いので、飼育において大きく苦労することは少ない。本種を含むアルキガエルの仲間の特徴としては、その名のとおり跳ね回ることはあまりなく、とことこと歩いて移動する。見ためはやや地味なものの歩く姿は愛らしく、さほど大型にならないのでレイアウトケージで行動を観察するのもおもしろい。模様に個体差も見られるので（地域差もあるという説もある）、気に入った個体を買い集めるのも楽しい。近年、日本へは、トーゴやガーナ・ナイジェリアなどからコンスタントに輸入されているので、入手することは難しくない。

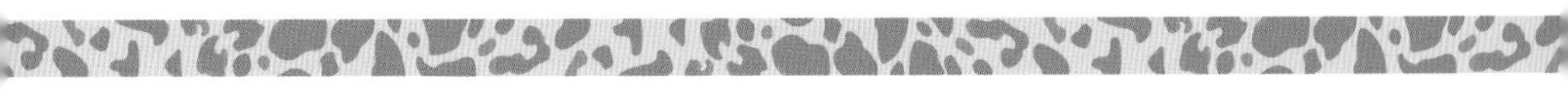

成体

モモアカアルキガエル

Phlyctimantis maculatus
(kassina maculata)

分布	ケニア・タンザニア・ジンバブエ・モザンビーク・マラウィ・南アフリカ共和国など
体長	5.5〜7cm前後
飼育タイプ	地上棲保湿タイプ（やや乾燥寄り）

歩くように移動する

アルキガエルを代表する種で、アフリカ大陸の東側に広く分布している。10年以上前はタンザニアから定期的に輸入があった一般種的存在だったが、同国が動物の輸出を停止した2014年頃以降はめっきり姿を見なくなってしまった。セネガルガエル同様、本種もその見ために反してクサガエルに近い仲間である。活動の中心は地表面で高い木の上や葉の上に登ることは少ないため、飼育下でも必要以上に背の高いケージは不要だが、植物を植えたりする場合は必然的にある程度高さのあるケージを使うことになるだろう。丈夫なカエルで、多少の乾燥・高温・低温いずれにも強い。一方で、常に多湿を維持してしまうと調子を崩すので、メリハリをつけた環境作りを心がける。現状入手のチャンスは少ないが、やはりある程度植栽をしたレイアウトケージで飼育したい。

成体

動きはゆっくり

コガタナゾガエル

オビナゾガエル

Phrynomantis bifasciatus

分布	ケニア以南のアフリカ大陸東部から南部にかけて広く分布
体長	5〜7cm前後
飼育タイプ	地上棲保湿タイプ（やや乾燥寄り）

和名に「ナゾ」と付いているが、これはそのまま「謎」を意味している。本属（*Phrynomantis*）は長い間分類において不明な部分が多かったことからこの名が付けられたと言われている（現在はナゾガエル科とされているが、未だに不詳という意見もあるようだ）。5種ほど知られ、日本へ輸入されている種類は主に本種と、姿形が似ているコガタナゾガエル（*P. microps*）の2種のみだと思われる。本種も、昔はタンザニアから数多くが輸入されていたが、同国の動物の輸出停止に伴い、ペットトレード上で見る機会が激減した。代わりに、アフリカ西部を主な生息地とするコガタナゾガエルのみが輸入されている状況である。どちらも雨季・乾季がある低木地や草原で主に暮らし、飼育下でも丈夫で乾燥にも高温にも強い。本種もアルキガエルの仲間と同様、飛び跳ねたり俊敏な動きをしたりすることが苦手なため、動きの速い餌を与えてしまうと食べられない可能性があるので注意。容姿から想像できるかもしれないが、口が小さいため小さめの活昆虫を定期的に用意する必要がある。なお、ナゾガエルの仲間の皮膚毒は他種に比べてやや強めと言われている。人が死ぬような毒ではないが、素手で触った後は確実に手洗いをし、皮膚が弱い人（敏感な人）の場合はニトリル手袋などをして捕獲するなどの工夫をしよう。

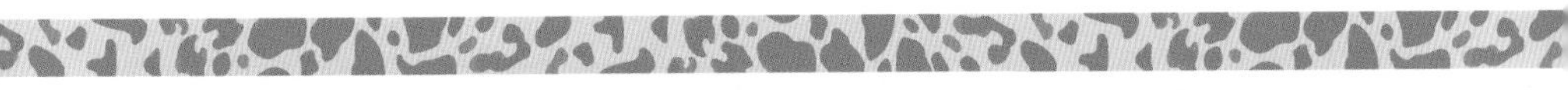

成体

幼体

幼体も成体と同様な顔つき

パグガエル
(クチナシウミボウズガエル)

Glyphoglossus molossus

分布	タイ・ラオス・カンボジア・ミャンマーなど
体長	6〜9cm前後
飼育タイプ	地中棲保湿タイプ

1度見たら忘れられないであろう顔つきと体型を持った、まさに「珍種」と言えるであろう東南アジアの地中棲種。タイやラオスを中心に、亜熱帯の森林やそれに隣接する湿り気のある草原・湿地などに広く生息しており、タイなどでは地表に出てくる時期（雨季）に食用として大量に捕獲され市場に並んでいる様子が見られる。昔はWC個体が不定期ながらまとまって流通していたが、近年はタイでの繁殖個体（1〜1.5cm前後の幼体）が輸入されている。食用としての大量捕獲や生息地の破壊が災いして生息数は激減しており、代わりに近年ではタイで繁殖させ自然に戻すというプロジェクトも2011年頃から始まっているとのこと。おそらく近年ペットとして流通する個体もこのプロジェクトからのものであると考えられる。

生息地では大量に生息する一般種として扱われているが、以前WC個体が流通している時は1〜2カ月レベルの飼育すら不可能で、餌すらまともに食べないというほどの飼育困難種であった。死亡理由（原因）が全く解明されないまま輸入がしばらくストップしてしまい、「飼育不可能なカエル」の1種というレッテルを貼られたカエルだった。対して、近年輸入されるようになったCB個体は、サイズこそ小さいもののしっかり餌を食べ順調に育成できている例が多く、その不安はやや解消された。乾燥と過剰な低温には強くないと考えられるので、その点に注意しつつ地中棲種を飼育する基本を守りながら飼育すれば長期飼育も夢ではないかもしれない。

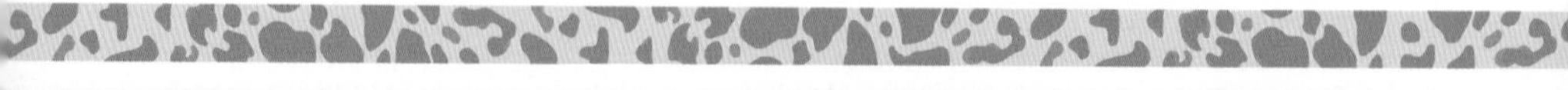

成体

ヒメアマガエル

Microhyla okinavensis

分布	沖縄諸島と奄美諸島の大部分
体長	2〜3cm前後
飼育タイプ	地上棲保湿タイプ・ビバリウムタイプ

生息地では比較的普通種

沖縄諸島や奄美諸島を代表する小型地上棲種。毎年繁殖時期（主に4〜6月）になるとちょっとした水場の周りにも数多く見られ、生息地ではよく見られるカエルとして親しまれている。小さな頭部に大きな後肢でみごとな三角形を形成した体型が特徴的で愛らしい。大きな後肢は高い跳躍力を生み、たとえばフィールドで見つけて写真を撮ろうと少しずつ近づいて行くと、ひとっ飛びでファインダーから消えることも多い。飼育においてはサイズこそ小さいものの思いのほか丈夫で餌付きも良く、ちょっとした乾燥や高低温にも強い（気温は沖縄県の範疇で考えれば良い）。跳躍力が高いので過度にメンテナンスをしてしまうと脅かしてしまうことになるので、なるべくメンテナンスフリーに近いようなケージ（ヤドクガエルを飼うようなビバリウムなど）を用意してあげると良い。近年は南西諸島の地域全般において、主に開発に伴う自然消失が災いし、野生生物保護の動きが活発になっている。幸い本種はまだ採集や飼育に大々的な規制（国レベル）はないものの、地域によってはローカルな規制を設けている場合もあるので、自己採集の際は県のホームページなどで訪れる地域の規制などをしっかり調べるようにしよう。

成体

マレーハラボシガエル

Chaperina fusca

分布	マレーシア（ボルネオ島に多い）・フィリピン
体長	2〜2.5cm前後
飼育タイプ	地上棲保湿タイプ・ビバリウムタイプ

ここ数年まとまって流通が見られるようになった1属1種の小型種。腹面は黄色やクリーム色の斑点、というよりも黄色やクリーム色の腹に黒の網目模様といったほうが正しいかもしれない。それはヤドクガエルにも負けない派手さで、飼育下でたまに見られるその色彩は愛好家を楽しませてくれる。背中の色柄は、黒色〜焦茶色ベースに青白い小さな斑点が散りばめられる個体がよく知られているが、やや個体差が見られ、斑点のない個体や斑点ではなく青白い部分が網目状に広く展開する個体もいる。大きな特徴として、肘と踵に小さな突起を持つことが知られている。この役割は定かではないが、地上棲種ではあるものの岩や木にも積極的に登る習性があるため、それらに役立っているのかもしれない。主に比較的低地の熱帯雨林やそれに隣接する田園地域・草原などに生息しているため、他のマレーシア種に比べて過剰な低温は不要であるが、通気性はしっかり確保する。流通量は多くないので入手のチャンスは限られる。

成体

ミューラーシロアリガエル

Dermatonotus muelleri

分布	ブラジル東部から南部・ボリビア南東部・パラグアイ・アルゼンチン北部
体長	4〜6cm前後
飼育タイプ	地中棲保湿タイプ

頭部が極端に小さく尖った鼻先をした独特の体型を持つ、1属1種の南米産地中棲種。アフリカに生息するアナホリガエルの仲間（*Hemisus*）に似ているが、本種のほうがやや大型で丸みを帯びている。色柄の個体差はあまりなく、背中側がオリーブグリーン、脇腹から腹面にかけては黒色の下地に細かい白色の斑点が密に入る。ほぼ完全な地中棲で、繁殖期以外は滅多に姿を現さず、地中で蟻や土中棲の虫類を食べているとされる。繁殖期には数千匹単位のおびただしいカエルが一斉に出現することも知られ、浅い池のほとりや流れの緩やかな川・人工的な水たまりなど、水場であれば場所はあまり選り好みしないようだ。本種の特徴として、その潜りかたがある。地中棲種として有名なフクラガエルの仲間（*Breviceps*）や北米のスキアシガエルの仲間（*Scaphiopus*）などは後肢を使って穴を掘り、土中へ潜るが、本種は頭部を利用して、頭側から地面に突っ込んでいく。その様子はどことなく間抜けで応援したくなる。以前はパラグアイ（アメリカの業者を挟む場合も多かった）から安定した流通が見られたが、2010年代前半（2012年前後）頃からパラグアイの野生生物保護の流れが強くなり、その影響で世界的にも流通は激減。繁殖個体も皆無ということもあり、2024年現在流通はストップしてしまった。今後も大きな流通は望めないため、入手のチャンスは少ないだろう。

成体

コシモンチョボグチガエル

Kalophrynus pleurostigma

分布	インドネシア・フィリピン・マレーシア・タイ南部・ミャンマーなど
体長	3〜6cm前後
飼育タイプ	地上棲乾燥タイプ（やや乾燥寄り）

亜成体

東南アジアに広く分布している小型地上棲種。名のとおり鼻先が尖り口はやや細く、本種のかわいさを生み出している感がある。一見するとコノハガエルの仲間にも似ているが本種はあまり跳ね回ることはなく、短い四肢を必死に使って歩いて移動することがほとんど。容姿と相まって見ていて愛らしい。一方、本種を含むチョボグチガエルの仲間は皮膚の毒性が強いようで、小さなケージに複数を飼育しているとお互いが擦れ合った際に毒を出してしまい、それが原因で全滅してしまうようなケースが多々見られた。小型種故に複数を飼育したくなるところだが、少しゆとりをもった飼育数、もしくは大きめの飼育ケージを用意する。また、蒸れや地面の過剰な水分にも弱く、そのような状況が続くと皮膚が溶けたような症状が見られ、死に繋がってしまうことが多い。飼育の際は通気の良いケージを用意し、床材も水捌けの良いものを使う、どちらかというとヒキガエルを飼育するような飼育環境を用意する。かつては本種や同属のコイチョウチョボグチガエル（*K. interlineatus*）などが年に1〜2回少しずつ流通していたが、ここ数年は流通があまり見られない。生息域は広いため何かの拍子にまた流通が見られる可能性もあるので、飼育を希望する人は気長に待ちたいところだ。

亜成体

コロンビアヨツメガエル（パナマヨツメガエル）

Pleurodema brachyops

分布	パナマ・コロンビア・ベネズエラ・ガイアナ・ブラジル北部
体長	2.5〜3.5cm前後
飼育タイプ	地上棲保湿タイプ

通常時は目玉模様が見えにくい

流通名を見ると「コロンビアなの？　パナマなの?」と思うかもしれない。どちらも本種を指している。コロンビアのほうは、英名として世界的に呼ばれている「Colombian Four-eyed Frog」から取った名で、パナマの名は日本に数多く輸入されている種だがコロンビアの個体群が来たことは稀で、パナマ原産の個体群が流通の中心だったことから名が付いたのかもしれない。本属の最大の特徴は後肢の付け根（腰に近い部分）に目玉のような模様を持っている点で、本種は特に黒い模様の中に水色の模様が入るためより派手さがある。内腿や近くの腹側には鮮やかなオレンジの模様があり、外見上のやや地味な色柄からのイメージとの違いには大きな衝撃を受ける。目玉模様は内側にあるため威嚇にならないと思われがちだが、彼らは身の危険を感じると頭を下げお尻を突き上げるようなポーズを取り、捕食者に向けてその柄を見せて威嚇する。それは捕食者にカエルの臀部を大きな動物の頭部と勘違いさせる効果があると考えられている。生息地ではサバンナ（降雨のやや少ない暖かい草原）や森林に隣接する低木が多い草原などに広く生息し、降雨の少ない季節は土中に潜って乾燥から逃れ、雨季になったら活動を始めて繁殖活動を行う。故に乾燥には強く、常に湿度の高すぎる環境は好まない。地域的にあまり低温になることはないため、過剰な低温にも強くない。ころころとした見ためと丈夫さで人気の高い種類だが、近年はコロンビアはもちろん、パナマからの生き物の流通が激減してしまい、本種を見る機会が少なくなってしまった。その他の地域も治安の悪さや野生生物保護の流れがあり輸出されることが考えにくいため、「流通があったらラッキー」という程度に考えておこう。

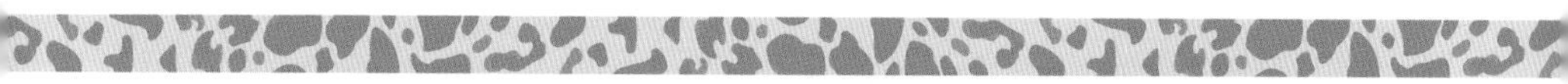

成体

キマダラフキヤガマ

Atelopus spumarius

分布	フレンチギアナ・スリナム・ガイアナ・ベネズエラ東部・ブラジル北部・ペルー東部など
体長	2.5～3.5cm前後
飼育タイプ	ビバリウムタイプ

艶消しブラックの下地に両サイドを中心に広がるレモンイエローの不規則な模様、そして真っ黄色の腹面という派手な色彩は、一見するとヤドクガエルに近い仲間かと想像させられるが、どちらかと言えばヒキガエルに近い仲間（ヒキガエル科）である。過去には「ヤセヒキガエル」などの名も付けられていたが、近年はフキヤガマ、もしくは学名のアテロプス（*Atelopus*）そのままの呼び名が主流となった。この仲間は古くから洋書などでは知られており、カエルファンの間で輸入を切望していた人は多かったが、2004年から2005年にかけて、スリナムから本種（*A. spumarius*）が輸入されたのが初めてのまとまった輸入だったと思われる。当時は飼育データなどは皆無で、スリナムのヤドクガエルを飼育する感覚で管理していたが、少しずつ調子を崩していったことは忘れられない。それもそのはず、本種を含むフキヤガマの仲間は標高が高く空気の流れの良い渓流のような川付近が主な生息地であり、飼育下でも蒸れや高温は厳禁であることが後々わかったからだ。ヤドクガエルも蒸れは厳禁ということは有名であるが、さらにシビアなイメージである。逆に、乾燥には強い面があるので（水場は常設する前提で）、飼育する際は通気性の良いケージをためらわず使おう。なお、本種を含めフキヤガマの仲間は全て昼行性のため、給餌は明るい時間に行うようにする。初流通以降、不定期ながらもWC個体が少しずつ流通している。近年では多少の国内繁殖例も聞かれるため、今後CB個体が出回る可能性もあるだろう。とはいえ、数多い流通数は見込めない。

ベニモン
フキヤガマ

Atelopus barbotini

分布	フレンチギアナ西部・スリナム東部（いずれも国境に近いごく狭い地域）
体長	2.5〜3.5cm前後
飼育タイプ	ビバリウムタイプ

成体

以前は先述のキマダラフキヤガマ（*A. spumarius*）の亜種、もしくは地域個体群として扱われていたが、近年分けられて独立種となった。キマダラフキヤガマの黄色の部分をそのまま赤紫色にしたような色彩は、初流通当初は突然変異なのか何なのかわからず衝撃的だったことを覚えている。生息域は狭く、主にスリナムからWC個体が少量ずつ流通しているが、数は多くない。キマダラフキヤガマにもあてはまることだが、流通する9割以上がオス個体で、メスを入手することが難しい。体格差が激しく、雌雄はすぐにわかるため（メスは大型化する）、現地ですでに分けられてメスはオスの数倍の値が付けられていることも珍しくないが､それ以前にまずメス個体自体が少ない（採れない）ため、入手は困難。飼育自体は他のフキヤガマの仲間に準じて問題なく、やはり高温と蒸れに注意しながらの飼育となる。地上棲傾向が強い種ではあるが夜間は葉の上で寝たり、ちょっとした流木などに登ったりすることも多いので、ヤドクガエルを飼育するようにある程度しっかりとレイアウトをして飼育をするほうが、本種の魅力をより味わえるだろう。

リオペスカド
フキヤガマ

Atelopus balios

分布	エクアドル南西部（大西洋沿岸のごく狭い地域）
体長	3〜4cm前後
飼育タイプ	ビバリウムタイプ

成体

一時は絶滅したという説まで流れたが2011年の調査で1匹発見され、2012年には世界で最も絶滅の危機に瀕している生物100種のリストに掲載されたという経緯のある世界的・学術的にも非常に珍しいフキヤガマの仲間。日本へは2018年に初めて流通が見られたが、それはWC個体ではなく、海外にて繁殖された個体だった。これはエクアドル政府公認の保護研究施設が繁殖に成功したCB個体の流通であり、野生下で絶滅の危機に瀕している種を生息域外（愛好家などの飼育下も含む）にて保全・繁殖させようという海外の研究者たちのプロジェクトの一環でもある。これはカエルに限らず日本も学ぶべき部分であろう。クリーム色から黄色みがかる下地に不規則な形の小さな黒い斑点が密に入り、この仲間としては異色な色彩を持つ。先述の2種に比べるとひと回り大きめで、成体、特にメス個体はその大きさも相まって四肢が長く感じられる。飼育データは限られているが、海外の例だと他のフキヤガマの仲間に準じて問題ないようで、高温は致命傷になるという共通項がある。湿度も60〜80%の範囲が好ましいと記載されているところを見ると、過剰な多湿が好ましくないという点も共通項として挙げられ、好む環境の類似点は多いと考えられる。とはいえ、入手自体が困難な種であり、いつでもどこでも入手できるものではない。本気で入手したい場合は、この手のカエルに強いショップにまず相談することから始める必要があるだろう。

指裏は赤い

ステルツナーガエル（ステルツナーヒキガエル）

Melanophryniscus stelzneri
（*Melanophryniscus klappenbachi*）

分布	パラグアイ・アルゼンチン中部以北・ウルグアイ・ブラジル南部
体長	2〜2.5cm前後
飼育タイプ	地上棲乾燥タイプ

幼体(CB)

古くからペットとして親しまれている、南米大陸の中〜南部を代表する小型地上棲種。黒と黄色の警戒色に腹面や四肢の裏側には赤の差し色が入り、これ以上ないほどの警戒色の持ち主である。腹面は普段こそ見えないが、襲われたり飼育者が捕獲しようとした時に、体をのけ反らせた状態で固まり、赤い部分を見せて敵を撹乱させる。本種を含めたクロヒキガエル属（*Melanophryniscus*）はジャンプすることはほぼなく（できず）、短い四肢で歩き回るのみである。同じく「跳べないカエル」または「風を受けて転がって移動するカエル」として有名な、ギアナ高地の一部にのみ生息する*Oreophrynella*（オリオフリネラ属）と容姿が似ているが、クロヒキガエル属の多くもやや標高の高い地域を中心に生息していることもあり、似たような進化の過程を辿ってきたのではないかとも考えられる。

小さな種だが丈夫で、ちょっとした乾燥や高温・低温、どれにも耐性がある。気温に関しては10℃台前半まで下がってもびくともしないだろう。強いて言えば蒸れに弱く、床材が常に濡れているような環境だと調子を崩したり皮膚の異常が出たりしやすいため、小さいからと過保護にせず、他のヒキガエルを飼育する環境をしっかり守れば問題ないだろう。ただし、餌に関しては極小サイズのコオロギやショウジョウバエなどが必須となる。昔はパラグアイ産の個体群が、アメリカや現地から直接輸入されてWC個体の安定した流通が見られたが、2010年代前半頃からパラグアイを含めた生息国全般の野生生物保護の流れが強くなり、その影響で流通量は激減している。一方で、EU圏からの繁殖個体が少量ずつ輸入されるようになり、近年では日本の愛好家によって繁殖例も多くなった。現在では国内外のCB個体の比較的安定した流通が見られている。なお、本種の分類が非常に混沌としており、いわゆるステルツナーガエル（*M. stelzneri*）はパラグアイの中南部の個体群とされていて、近年多く出回っているのは生息地がより北側に位置している*M. klappenbachi*（グランチャコステルツナーヒキガエルの名で流通）であるとされる。が、両者間に厳密な差異を見つけることが困難で、EU圏からも分けられず輸入されていることも多く、はっきりしない。もっとも、*M. klappenbachi*であるならば学名由来の「ステルツナー」の名前を捨てて「クラッペンバチ」に置き換える必要があるのだが…。

赤みの強い個体

幼生(オタマジャクシ)

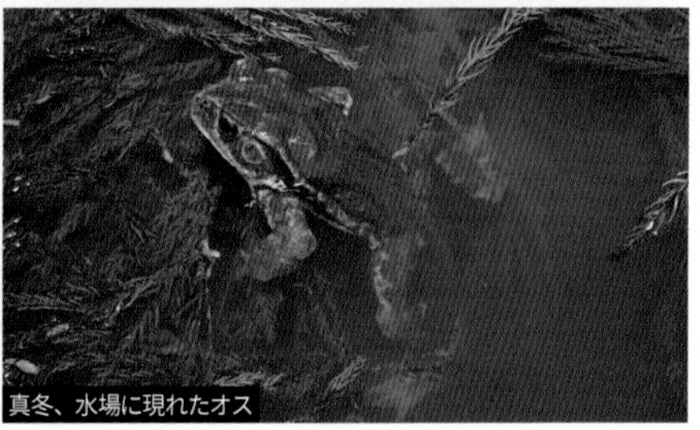
真冬、水場に現れたオス

アズマヒキガエル

Bufo formosus

分布	日本（東北から近畿東部・紀伊半島の一部・島根県東部まで） ※北海道・伊豆大島・八丈島・佐渡島などに国内移入
体長	5〜16.5cm前後
飼育タイプ	地上棲乾燥タイプ

東日本、特に都市部と呼ばれる地域に在住の人たちにとっては馴染み深いカエルであろう。筆者自身も幼少期から考えると、住んでいる地域で最も目にしたカエルである。言い換えれば本種以外は目にしたことがない。大型の地上棲種でメスはオスよりも大型化し、12〜13cm以上ある個体はほぼメス。一方、前肢が体のわりに太くがっちりとした個体はオスのことが多い。色彩には個体差が大きく、傾向としてはオスのほうがメスよりも黄色みが強かったり明るい色合いだったりすることも多い。地域によっては（山地に多い印象）全体的に赤みの強い個体なども存在する。ニホンヒキガエル・ニホンアマガエルなどと共に日本を代表するカエルで、野山のない都心部でもちょっとした水場（公園にある人工的な池など）と餌場（公園の茂みや畑など昆虫のいる場所）があれば十分定着できる丈夫さを持つ。地方に行くと多いニホンアマガエルが都心部で見られない理由として、これは水場の多さと体の頑丈さの違いからくるものだと考えられ、ニホンアマガエルは水への依存度が高く、極端な暑さ（コンクリートによるもの）にも弱いため、都心部では定着できないと考えられる。一方、本種やニホンヒキガエルは皮膚も厚く大型個体は脱水や絶食にも強いため、過酷と思われる都心部でもたくましく生き延びることができる。地域によって若干の差異はあるが、毎年2〜5月頃になると、いわゆる「カエル合戦」「蛙（かわず）合戦」と呼ばれる繁殖行動が各地の池や沼で見られるようになり、風物詩となっている地域もあり、多いメスでは1度に1万個に迫る卵を産むことが知られている。孵化をするとお

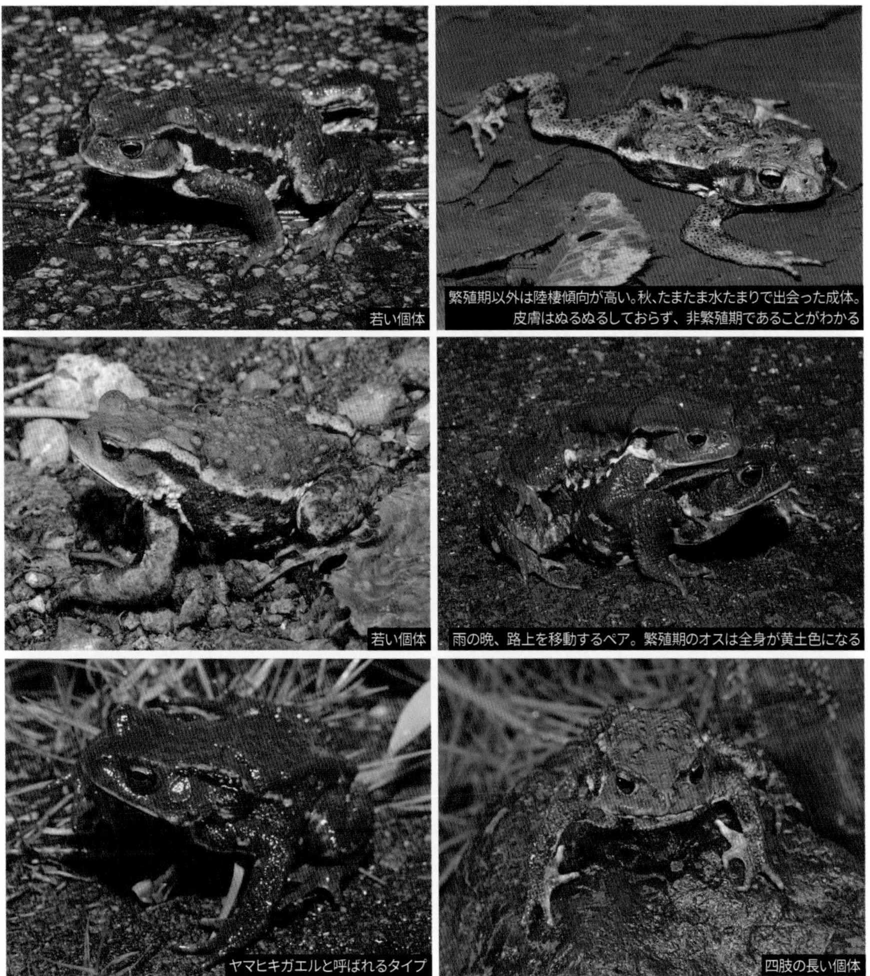

若い個体

繁殖期以外は陸棲傾向が高い。秋、たまたま水たまりで出会った成体。皮膚はぬるぬるしておらず、非繁殖期であることがわかる

若い個体

雨の晩、路上を移動するペア。繁殖期のオスは全身が黄土色になる

ヤマヒキガエルと呼ばれるタイプ

四肢の長い個体

びただしい数の真っ黒で小さなオタマジャクシが水場を埋め尽くす。本種やニホンヒキガエルは日本国内においてトップクラスに大型のカエルだが、オタマジャクシの大きさは最も小さい。

飼育に関しては頑健な種ということもあり、基本的なヒキガエルの飼育方法を用いれば問題はない。大食漢で与えれば与えただけの餌を食べてしまうことも多いので、過食にならないように飼育者側が制御しよう。野生下では、歩き回って餌を探すこともあるが、どちらかと言えば待ち伏せ型のタイプであるため、過剰にカロリーを必要としない。特に成体の過食は寿命を縮めるだけなので注意。なお、後述のニホンヒキガエルを含め、地域によっては「イボガエル」「ガマガエル」の異名が付けられ、忌み嫌われていることもある。単に「見ためが気持ち悪い」といった理由がほとんどで、カエルにとっては迷惑な話である。たしかに本種は天敵に襲われたりすると皮膚から毒を滲み出す。が、これは本種に限ったことではないし、人間が見ているだけで毒液を飛ばしてくることもない。ましてや向こうから襲ってくることも100%ない。嫌な人は道路で見かけても避けて通れば良いだけで、お互いに干渉しないことが最良である。一方、好きな人は触りたくなるかもしれないが、(触ったところで死ぬわけでも何でもないが) 触った手で物を食べたり目を擦ったりすることはせず、できるだけ早く手を洗うようにする。

平野部から山岳地帯にまで広く生息する

ニホンヒキガエル

Bufo japonicus

分布	日本（近畿西部・四国・中国地方・九州（屋久島・種子島など含む）※東京などに移入例がある
体長	8〜17.5cm前後
飼育タイプ	地上棲乾燥タイプ

アズマヒキガエルの同属別種で、亜種関係だったこともあり、混同を避けるため本種を「サツマヒキガエル」と呼ぶ場合もある。近畿以西の西日本在住の愛好家の場合、本種が馴染み深いカエルという人も少なくない。アズマヒキガエルとよく似ており、見慣れない人では区別が困難かもしれない。両種間には鼓膜の大きさの差異があり、本種はアズマヒキガエルと比べると鼓膜の大きさが小さい。ただし、個体差もあるため、観察した個体の地域の詳細や鼓膜の大きさなど､総合的に考えて判断することが望ましい（生息域が隣接している場合は自然交雑も考えられる）。カエルとしての詳細や飼育に関してはアズマヒキガエルに準ずるが、本種のほうがやや大型化するとされている。これは生息域の温度帯の差によるものであるが、地域によっては年末頃から繁殖期が始まる。南へ行けば行くほど繁殖期は早くなるので、観察したい人はその地域の気温の推移を注視してみよう（ソメイヨシノの開花より少し前、春一番の風が吹く頃が繁殖のピークとされる）。本種は元々西日本の分布であったが、アズマヒキガエルが生息する地域への移入が見受けられる。交雑してしまうとおそらく判別不可能となり、遺伝子汚染の危険性もあるため、飼育をする際は終生飼育を絶対条件とし、やむを得ず飼育継続が不可能となった場合は専門店などに相談してほしい。アズマヒキガエルも同様で、国内移入（国内外来種）として問題視されることのきっかけが飼育者だと言われないよう十分に配慮すべきである。

路上に佇んでいたが、皮膚感や色彩から判断するに繁殖期なのだろう

色彩や模様には個体差が見られる

赤みの強い個体

成体

若い個体

外見や体型には個体差に加えある程度の地域性も見られる

ミヤコヒキガエル

Bufo gargarizans miyakonis

分布	日本（宮古諸島） ※北大東島・南大東島・沖縄本島に国内移入
体長	6〜11cm前後
飼育タイプ	地上棲乾燥タイプ

ミヤコヒキガエル

宮古島やその周辺の宮古諸島固有の中型ヒキガエル。以前は本種の原名亜種であるチュウカヒキガエル（*B. g. gargarizans*）が大陸から移入されて定着したものだとされていたが、本種の化石を調べた研究結果（年代など）から、移入説は否定された。同じ日本産ヒキガエルの先述2種よりもひと回り小柄で四肢が太短く、顔も小さめで全体的にずんぐりころころとした体型で、愛らしさは満点。体色には個体差があり、薄茶色の個体を中心に、黄色みが強い個体や赤みの強い個体・黒っぽい個体などバラエティに富んでいる。本亜種もオスはメスよりも1〜2回り小型で、成熟したオスの前肢は体のわりに太くがっちりとしてることが多い。自然分布域である宮古諸島においては、宮古島市の自然環境保全条例による保護対象種となっており、捕獲・採集が禁止。ペットショップや販売イベントなどで販売されている個体は移入先である南大東島や北大東島で採集されたものである（移入個体に関しては制限はない）。しかし、それらが宮古島の個体群だった場合は購入者も条例違反となる可能性があるので、産地をしっかり確認したうえで購入する（採集する場合は言わずもがな）。先述2種の日本産ヒキガエル同様、丈夫な種で、生息地でも低地の畑や開けた草原などに生息し、乾燥にも多少の高温にも耐性がある。手頃な大きさで同亜種同士の喧嘩もまずないため複数を飼育したくなるところだが、大食漢であるこのカエルの飼育個体数に見合った活昆虫を用意する必要があるということも念頭に置いておこう。

ナガレヒキガエル

Bufo torrenticola

分布	日本（石川県・富山県・長野県・福井県・岐阜県・滋賀県・奈良県・三重県・和歌山県・京都府）
体長	7〜16cm前後
飼育タイプ	地上棲乾燥タイプ

ナガレヒキガエル。水掻きが発達し、四肢が長い

アズマヒキガエルとニホンヒキガエルの分布の境目あたりが分布域の中心となる大型のヒキガエル。一見するとそれら2種にも似るが四肢（特に後肢）が長く、主な生活圏である山の中の渓流周辺を歩くことに特化していると考えられる。実際、本種は低地や人里で見かけることは少なく、標高50m以上（1,700m前後まで）の渓流がある山中で見ることができる。四肢の長さや扁平な顔つきという特徴もあるが、他に鼓膜の小ささがあり、一見するとないように見える個体も多い。ニホンヒキガエルも鼓膜が小さいため判別が難しい場合もあるが、その場合は体型や生息地・鼓膜の大きさなど総合的に判断する。体色は個体差が大きく、赤みが強い個体や斑点状に赤が差す個体などさまざま。やや標高の高い渓流沿いに生息し飼育が難しいかと思いきや、基本的には他のヒキガエルに準じて問題ない。ただし、過剰な高温にはさすがに弱いため、上限を30℃と考えて通気の良い環境を用意する。

ナガレヒキガエル。派手な個体も多い

アメリカミドリヒキガエル（テキサスミドリヒキガエル）

Bufo debilis (*Anaxyrus debilis*)

分布	アメリカ合衆国 （カンザス州・コロラド州・アリゾナ州・ニューメキシコ州・オクラホマ州・テキサス州）・メキシコ北部
体長	3～4cm前後
飼育タイプ	地上棲乾燥タイプ

日本人のイメージするヒキガエルとは異なる容姿を持つ小型種。背面が鮮やかな緑色に黒色の網目模様、腹面は白色という明るい色彩で、色柄も世界のヒキガエル全般を見ても特徴的である。乾燥した地域に生息しており、見ため以上に乾燥への耐性がある。というよりも乾燥を好むので、基本的なヒキガエルの飼育設備で問題はない。小さいからといって乾燥を怖がらないようにしっかり通気性の良いケージで飼育する。夜間などちょこまかと動き回っている姿が観察でき、小さく美しい容姿も相まって「乾燥地のヤドクガエル」のような雰囲気で飼育者を楽しませてくれる。ただし、餌もさながらヤドクガエルと同様で、最大でも5mm前後の活昆虫しか食べられないため、小さな活昆虫を安定して用意できるか確認したうえで飼育を始めよう。毎年4～5月頃になるとアメリカからWC個体が安定して輸入されていたが、ここ2～3年は生息地（州）での保護の影響で輸入量は激減している。本種を含めヒキガエル全般、飼育下での自然繁殖は困難な種が多く、CB個体もほぼ出回らないため、残念ながら年々入手のチャンスは減っている。

成体

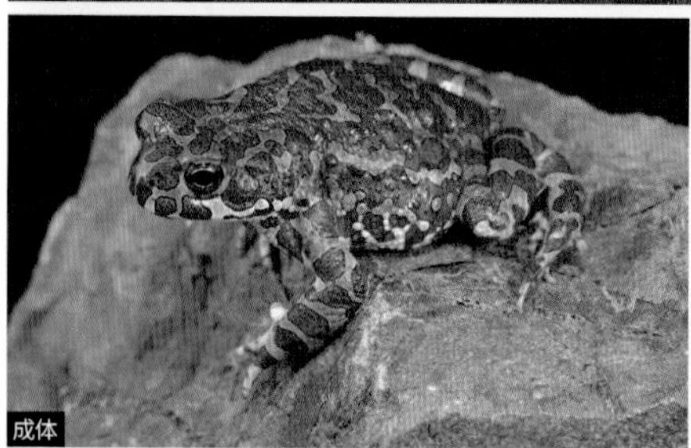
成体

幼体（デンマークCB）

ミドリヒキガエル（ヨーロッパミドリヒキガエル）

Bufo vilridis (*Bufotes viridis*)

分布	フランス東部から東へ広がり、北側はロシア南部、南はイラン・イラク・イスラエルに至るまでの広大な範囲（地中海のバレアレス諸島やサルディーニャ島などにも分布）
体長	6〜10cm前後
飼育タイプ	地上棲乾燥タイプ

ヨーロッパを中心に、中東、そして一部はアフリカ大陸目前まで広大な分布域を持つ中型のヒキガエル。ペットとしても古くから親しまれており、美しい色合いとその愛らしい体型もあって人気が高い。ここ数年はEU圏を中心に厳しく保護されており、EU圏からWC個体が輸入されることはない（輸出できない）。代わりに、エジプトなどからシナイ半島やその周辺原産と考えられる個体群がまとまって輸入されている。白っぽい下地に緑色や赤色・茶色の不規則な斑点を持ち、個体差が大きい。色合いは湿度や温度など環境によって変化することも多く、その点でも飼育者を楽しませてくれる。また、本種は美声の持ち主でもあり、生息地では冬が終わり気温が上昇する頃になると、池や沼などの水場の中で大きく喉を膨らませて、高めの連続した声（トゥルルルルルルーというような音色）が聞こえてくる。ただし、飼育下では残念ながらなかなか味わえない。しっかりと季節（気温の上下や日照時間など）を感じさせる必要があるためだと考えられる。分布域の広さが物語っているように、順応性の高い丈夫な種で、乾燥・高温・低温、いずれにも強い。関東以南であれば条件次第だが無加温の飼育も十分可能であると思う。屋外での飼育も不可能ではないかもしれないが、必ず脱走の防止策などを徹底する。

成体

愛らしい体型をしている

ナンブヒキガエル

Bufo terrestris (*Anaxyrus terrestris*)

分布	アメリカ合衆国（バージニア州南部から南へフロリダ州全域、そして西へミシシッピ州・ルイジアナ州まで）
体長	4〜9cm前後
飼育タイプ	地上棲乾燥タイプ

先述のアメリカミドリヒキガエルと共に古くから輸入が見られる、北米を代表する小型種。2005年に施行された外来生物法により多くのヒキガエルの仲間（*Bufo*および旧*Bufo*）が輸入不可能となったが、本種やアメリカミドリヒキガエルはその対象から外れたため、国が定める必要書類を用意すれば現在も輸入可能。とはいえ、本種も近年、保護の影響が強く、ピーク時と比べると輸入量は減少している。濃淡や柄の有無などに個体差があるものの、基本的に褐色で一見すると単に地味なヒキガエルだが、丸っこい体型と仏頂面が飼育者に愛され人気が高い。本種も丈夫ではあるが、過剰な低温（一桁台前半など）が長く続く状況は注意が必要。また、代謝が早く痩せやすい面があり、多頭飼育をしていると餌を取り負ける個体はすぐにいじけて痩せてしまうため、観察を怠らないようにする。

成体

幼体

上陸直後の幼体

トランスルーセント

サビトマトガエル

Dyscophus guineti

分布	マダガスカル東部
体長	6〜9.5cm前後
飼育タイプ	地上棲乾燥タイプ（やや保湿寄り）

「カエルの楽園」とも言われているマダガスカルを代表する地上棲大型種。英名はFaise Tomato Frog。Faiseは「間違い」「偽」という意味を持つ。同属のアカトマトガエル（*D. antongilii*）が本種よりも鮮やかなトマト色で、本家トマトガエル（英名も単にTomato Frog）とされ、それに対してやや色調が劣る本種にその名が付けられたものと考えられる。トマトの名は付いているが色合いの個体差は大きく、真っ赤に染まった個体は意外と少ない。柿色（オレンジ色）の個体やそれらの中間的な色合いの個体も多い。傾向としては、メスと考えられる大型個体に赤みが強い個体が多いと感じる。また、4〜5cm前後までの幼体期は全ての個体が柿色であり、その後、成長・成熟するにつれ色が変化する個体が現れる（変化せずそのままの色の個体も多い）。丈夫で餌付きも良く、見ためも特徴的ということで昔からペットとして親しまれている。マダガスカル原産ということで特殊な環境が必要かと言えばそのようなことはなく、大きく分ければヒキガエルを飼育するようなやや乾燥気味の飼育環境で問題ない。逆に、過剰に床材を濡らしすぎたり、水を浅く張る形（ツノガエルのようなスタイル）で飼育していると調子を崩しやすい。不適な気温や湿度・過度な保定（ハンドリング）などのストレスを感じると、皮膚から白い粘性の高い毒液を出す。毒液により周りのカエルも巻き込まれて死亡してしまう危険性もあるので、適切な環境で飼育することはもちろん、過度な干渉は厳禁。昔からマダガスカルからWC個体が安定して流通していたが、2017年からワシントン条約附属書Ⅱ類に掲載されたため、流通量はやや減少した。しかし、2024年現在はWC個体の他にCB個体も流通が見られるため、入手の機会は十分ある。

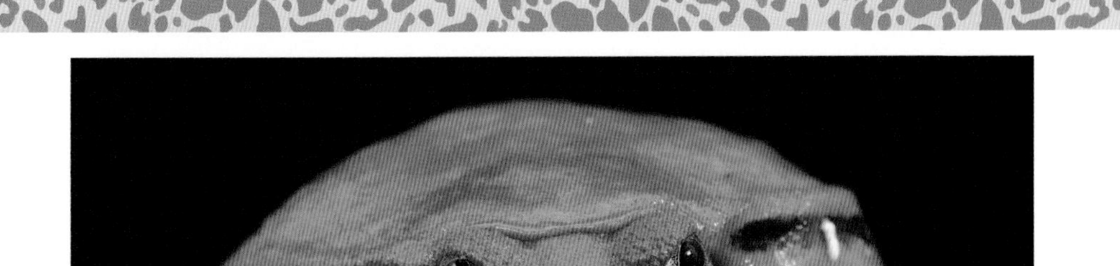

正面

名のとおりトマトのような容姿

成体

アカトマトガエル

Dyscophus antongilii

分布	マダガスカル東部（主にアントンギル湾周辺）
体長	6.5〜10cm前後
飼育タイプ	地上棲乾燥タイプ（やや保湿寄り）

2016年まではワシントン条約附属書Ⅰ類に掲載され、国際的な商業取引が禁止されていたが、詳しい調査により生息数は他のトマトガエルの仲間と大きな差はないとされ、附属書Ⅱ類に「降格」となった珍しい例と言える。ただし、2024年現在、生息地であるマダガスカルからの輸出割り当て（輸出許可が出る個体数）は本種に関してはゼロであり、WC個体が輸出されることはない。ペットトレード上にはEU諸国で繁殖された個体が安定して流通しており、そちらは輸出許可・日本側の輸入許可共に発行されるので、比較的安定した流通がなされている。先述のサビトマトガエルと比べ赤みが強いと言われる本種だが、サビトマトガエルと同様で個体差がある。特にCB個体は全体的に色が薄めの傾向が見られ、サビトマトガエルと混ぜてしまうと区別がつかなくなる懸念もあるため、両種を飼育する場合は注意。背中を中心に広がる黒い網目模様がやや細かい、もしくは少ない印象があるが、その点も個体差があり確実な判別ポイントとは言えないだろう。飼育方法はサビトマトガエルに準じて良い。100%CB個体であるため安心感はあるものの、衛生管理されている欧州のファームからの個体が多く、導入当初は細菌などに弱い傾向があるため、他のカエルや他の生き物からの細菌やケージの汚れに注意を払おう。

成体

ヒメトマトガエル（インシュラリストマトガエル）

Dyscophus insularis

分布	マダガスカル西部（沿岸部）
体長	4〜5cm前後
飼育タイプ	地上棲乾燥タイプ（やや保湿寄り）

3種が存在するトマトガエルの仲間（*Dyscophus*）の中では最も見る機会の少ない種。筆者が本種を最後に見た（国内に流通した）のは2010年前後だと記憶している。その後は原産国であるマダガスカルから、本種の名で輸出許可は出るものの、オーダーを出して日本へ到着する個体は全て、小さくて赤みのないサビトマトガエル（*Dyscophus guineti*）ばかりだった。実際、サビトマトガエルと本種は生息域が西側と東側で大きく異なり、同時に採集できる可能性は低いと考える。本種は赤みがほとんど出ず、柿色ともまた違う、どちらかと言えば茶色や肌色といった色合いを持つ。体型はサビトマトガエルに比べてやや厚みがなく、扁平な体型をしているため、見慣れれば見分けは十分可能。飼育は他のトマトガエルの仲間に準じるが、いかんせん流通が少ないため飼育データに乏しい。今後も流通が多くなるとは考えにくいため、入手のチャンスは限られている。

マレーキノボリガマ

Rentapia hosii

分布	マレーシア（マレー半島・ボルネオ島）・インドネシア（スマトラ島・ボルネオ島・ブルネイ
体長	6〜10cm前後
飼育タイプ	地上棲保湿タイプ

メス

ヒキガエルの仲間の異端児というべき存在。本種の体型や体色もその理由の1つだが、なんと言ってもその習性である。キノボリ（木登り）の名のとおり、最大の特徴は他のヒキガエルではあまり見られない樹上での活動が挙げられる。活動の拠点こそ地上だが、夜間は積極的に樹上に登る姿が見られる。長い四肢や他のヒキガエルの仲間よりやや発達したパッドはクライミングに適したもの。ただし、繁殖はツリーフロッグのような樹上ではなく地上で行われる。顕著な雌雄差も特徴であり、成体時のメスはオスに比べると倍近い大きさとなる。成長と共に性的二型が顕著になり、オスは茶褐色でほぼ単色なのに対し、成熟したメスはグリーン（個体により濃淡あり）に黄色やオレンジ色の不規則な斑点が入る、ヒキガエルらしからぬ派手さを持つ体色となる。2010年前後まではマレーシアからWC個体がまとまって輸入されることも多かったが、それ以降WC個体の流通は激減し、ここ数年はほぼ皆無となってしまった。その代わり、EU圏からCB個体の流通が見られるようになり、2〜3cm前後の幼体が出回るようになった。WC個体は餌付きの悪い個体が多く飼育に癖のあるカエルだったが、CB個体に関しては過度な高温と蒸れに気をつければ大きな問題はないと言える。高さのある広めのケージで飼育すれば本種の特性も見られ飼育していておもしろいだろう。

若い個体(CB)

成体

ハガエル（ラビジャハガエル）

Odontophrynus lavillai

分布	ボリビア南部・パラグアイ・アルゼンチン北部・ブラジル南部
体長	5～8cm前後
飼育タイプ	地中棲乾燥タイプ

見ためはヒキガエルの仲間に見えるが、科レベルの括りで言えばヒキガエル科ではなく、ツノガエルやユビナガガエルの仲間を持つミナミガエル科のカエル。全体が茶褐色で大きなブロッチや網目模様が不規則に入り、細かい粒状の突起を体全体に有する。同属の他種も似たような色彩や体の特徴を持つため、同定は難しく、過去の流通時に種名が間違えて流通していた可能性は否定できない。3頭身の独特な体型を持ち、飛び跳ねることはほとんどなく、短い四肢を駆使して歩いて移動する。同じミナミガエル科で同様の地域に生息するツノガエルやチャコガエルに似た体型を持つが、本種のほうがやや活動的で移動性に長けている。とはいえ、待ち伏せ型のカエルには変わりなく、飼育下でも床材に潜り込んで、顔だけ出して餌を待っているシーンを見ることができる。以前はパラグアイからWC個体の流通が見られたが、2010年代前半（2012年前後）頃からパラグアイの野生生物保護の流れが強くなり、本種も世界的に流通は激減。CB化も進んでおらず、2024年現在流通は完全にストップしてしまった。今後も大きな流通は望めないため、入手困難な状況が続くだろう。

外見には個体差がある

アカボシユビナガガエル

Leptodactylus laticeps

分布	ボリビア南部・ブラジル南西部（パラグアイに隣接する狭い範囲）・パラグアイ西部・アルゼンチン北部
体長	10～13cm前後
飼育タイプ	地上棲乾燥タイプ

成体

ユビナガガエル属で最も美しいという声も多い大型美麗種。ベージュの下地にレンガ色の大きな斑紋が体全体に無数に入るその姿は唯一無二の存在感がある。本種を含むユビナガガエルの仲間は繁殖期になるとオスは前肢（腕）が極端に太くなり、胸のあたりに左右1対の黒い棘が表れる。詳細な理由は不明だが、抱接時にメスへ何らかの刺激を与えるという説もあるようだ。南米中部に広がるグランチャコ地方と呼ばれる雨季・乾季の差が激しい地域が主な生息地で、飼育環境への順応性は高く、乾燥や高・低温いずれにも強い頑健なカエル。飼育は容易で、餌付きも良く、他のユビナガガエルの仲間ほどばたつかない（無駄に飛び跳ねない）ため、愛好家としてはこれ以上ないカエルとも言える。残念ながら、近年は生息地にあたる国々で野生生物の輸出が大きく規制されてしまい、まとまった輸入は皆無となっている。待っていても入手できるチャンスはきわめて少ないだろう。

若い個体

幼体(CB)

ナンベイウシガエル

Leptodactylus pentadactylus

分布	ボリビア・ブラジル中部以西・ペルー・エクアドル・コロンビア・ガイアナ・スリナム・フレンチギアナなど
体長	13〜18cm前後
飼育タイプ	地上棲保湿タイプ

日本のアカガエルを巨大にしたような見ためだが、アカガエル科ではなく、先述のアカボシユビナガガエル同様にミナミガエル科の大型種。ウシガエルの名が付いているが、ウシガエルとは縁もゆかりもない。20cmに迫る体は食べ応えがあるのか、生息地の一部では「マウンテンチキン」と呼ばれ、食材として重宝されている。体型から水に依存しているカエルかと思われがちだがそうではなく、熱帯雨林の林床で落ち葉や倒木などに紛れ、身を隠しながら暮らしている。体色は落ち葉や枯れ木への擬態と考えられる。繁殖も水場とは限らないようで、湿った地面に穴を掘り泡の巣を作り、そこへ産卵することも知られている。大型種だが捕食形態はアフリカウシガエルやツノガエルの仲間とやや異なり、太短い舌を出して捕食するため、体のわりにはやや小ぶりな生き物を好む傾向にある。飼育下での餌付きは良いが、ツノガエルに対する給餌方法のようにいきなりピンセットで顔の前に差し出しても食べないことも多いため、視点の先に動く昆虫を食べさせるようにしよう（ばら撒く形が望ましい）。跳躍力が高いため、飼育下や輸送時に鼻先や顔に傷を負ってしまうことも多い。また、頭の良いカエルで、1度頭突きなどでケージを突破できてしまった（脱走してしまった）場合、鍵などをかけていてもその場所を狙ってしつこく頭突きを繰り返すことがある。結果的に怪我が続いてしまう危険性があるので、ケージを破壊されないようあらかじめ補強しておこう。以前はスリナムから定期的に輸入されていたが、近年は本種のような大型種の飼育人口が減ってしまったことと、南米全体の野生生物保護の動きが重なり、輸入量は多くない。

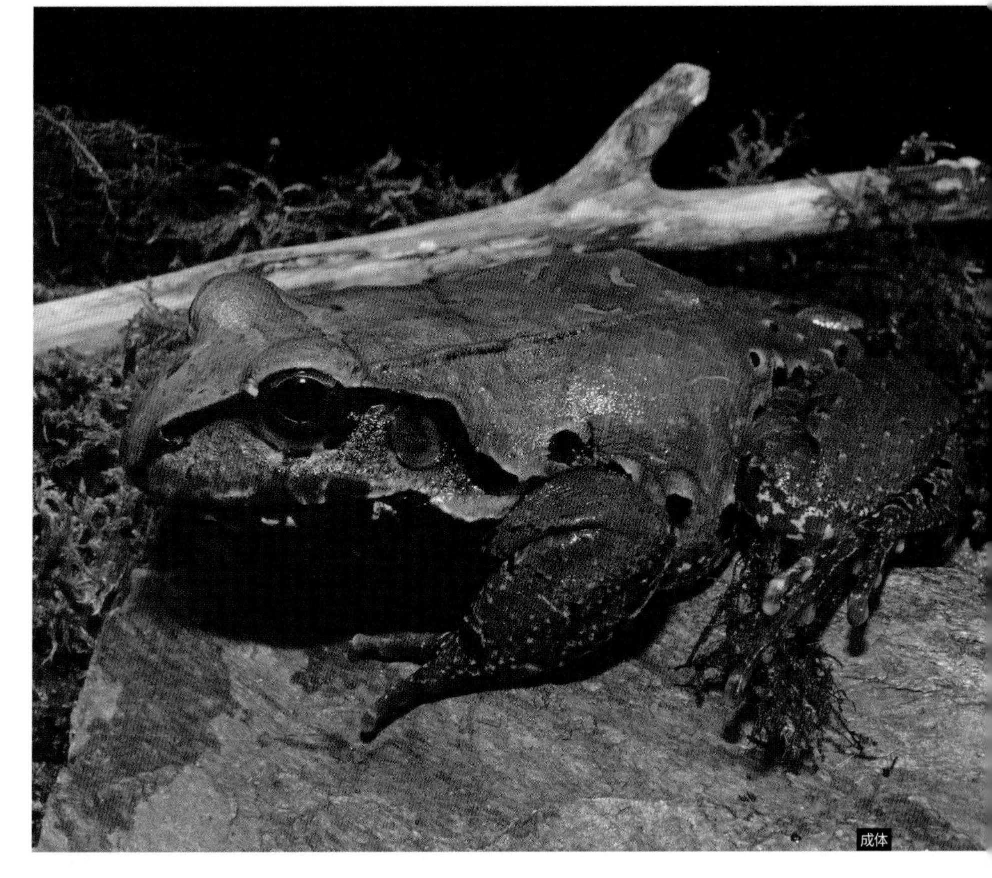

マガイナンベイウシガエル

Leptodactylus knudseni

分布	南米大陸中部以北に広く分布（ブラジル東部を除く）
体長	12〜16cm前後
飼育タイプ	地上棲保湿タイプ

「紛い物＝ニセモノ」という、気の毒な和名を付けられてしまった感があるが、名のとおりナンベイウシガエル（*L. pentadactylus*）に似ている。区別は難しいが、本種の背側隆条が短い点（ナンベイウシガエルでは総排泄口付近まで伸びる）や上唇にある黒い模様の入りかた（本種のほうが不明瞭で少ない）などで区別できる。しかし、見慣れないと困難なため、その個体の産地なども含め総合的に判断したい。近年ではナンベイウシガエルよりも本種の流通が多い傾向が見られ、不定期ながらガイアナやスリナムから少量ずつ輸入が見られる。習性としてはナンベイウシガエル同様で、熱帯雨林の林床に生息し、付近を通る昆虫類や小型哺乳類などを捕食する。跳躍力が高いため、飼育下や輸送時に鼻先や顔に傷を負ってしまうことも多い。餌付きは良く、過度に広いケージでなくてもコオロギなどをすんなり食べてくれるだろう。低温と過度な乾燥には弱く、水への依存度が低めで、飼育環境内に大きめの水入れを設置しておく。

マイクロスポット

マダラヤドクガエル

Dendrobates auratus

分布	ニカラグア南部・コスタリカ・パナマ・コロンビア北西部※ハワイのオアフ島に帰化
体長	2.5〜3.5cm前後
飼育タイプ	ビバリウムタイプ

ブロンズ&グリーン

数多いヤドクガエルの仲間において、古くから日本国内に輸入されていて見る機会が最も多いであろうヤドクガエルの代表種。色柄（モルフ）が多様で、一見すると同種に見えないものも多い。生息地においては一般種として扱われる地域も多く、コスタリカなどでは観光向けのロッジなどの庭でも容易に見つけることができると言われている（コスタリカは野生生物の輸出を禁止しているため、入手自体は不可能）。昔はパナマやニカラグア原産のWC個体が流通の中心だったため、カリビアングリーン・グリーン&ブラック・コスタリカと呼ばれる緑色と黒色のモルフが多く、「マダラヤドクガエル＝緑と黒」というイメージだった。しかし、2000年代後半からEU圏やカナダなどからCB個体が盛んに輸入されるようになり、さまざまなモルフが見られるようになっている。なお、便宜上「モルフ」と書いているが、交配などで人為的に作出したモルフではなく、正確に言うなれば「地域個体群」である。ヤドクガエルの入門種と呼ばれることも多く、飼育・繁殖共に容易な部類に入る。モルフによって若干異なるが、全体的に本種は臆病な性格で、植物や隠れ家の少ないケージ（隠れる場所が少ないケージ）では調子が上がらない場合も多い。しっかり植栽をし、ゆとりを持った環境で飼育する。

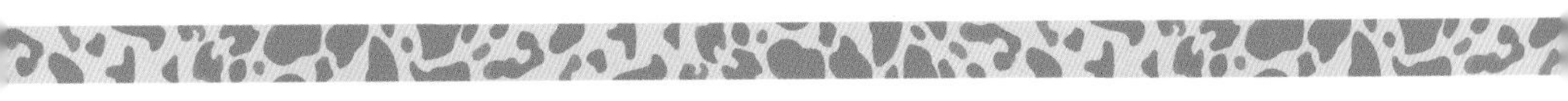

エルコペ
キャンパニャ
ブルー
コロンビアイエロー
カモフラージュグリーン
ブラック
アルビノ

アイゾメヤドクガエル

Dendrobates tinctorius

分布	ガイアナ・スリナム・フレンチギアナ・ブラジル北部
体長	3〜5cm前後
飼育タイプ	ビバリウムタイプ

先述のマダラヤドクガエル同様、さまざまなモルフ（地域個体群）を持つ大型のヤドクガエル。学名から「ティンク」と呼ぶ愛好家も多いだろう。「藍染」と名付けられたように、主に藍色の色彩を持つモルフが多く、その深みのある青色には他のカエルには見られない美しさがある。以前はスリナムからWC個体が輸入されていたが近年は激減し、現在はEU圏などからCB個体が多く輸入されるようになった。大型になるモルフが多く、パウダーブルーやシトロネラなどの成熟個体は5cmに迫ることも珍しくなく、ヤドクガエルとは思えないほどの大きさや見ためとなる。それ以外のモルフも平均4cm前後になるため、ケージ内での存在感は他種にはないものがあり、飼育者を楽しませてくれる。一方、その大きさが災いをして…と言うと表現が悪いが、その体を維持するための餌の量が必須となる。しかも本種は、細長い舌を鞭のように出して餌昆虫をくっ付けて捕食するスタイルのため、5cmに迫る個体でも5mm程度のコオロギでもぎりぎりの大きさとなる。2〜3mm程度のコオロギやショウジョウバエ各種をふんだんに供給できる体制を整えてから飼育を開始する。また、本種は全体的に標高の高い地域に生息しているため、ヤドクガエルの中では特に高温に弱いと言える。22〜28°C前後を維持できるような環境も整えておこう。数年前までコバルトヤドクガエルは独立種（*D. azureus*）として扱われていたが、近年はワシントン条約の申請上も*D. tinctorius*として扱われているため、今回はアイゾメヤドクガエルの一部として掲載した。

オイヤポック

コバルトヤドクガエル

パウダーブルー

テーブルマウンテン

バカウス

アラニス

ブラジル
ヴィラノヴァ
レジーナ
シトロネラ
トゥムクマケ
オエレマリエ
ロレンツォ

成体

ファインスポット

セロ・オータナ

ボリバーゴールド

キオビヤドクガエル

Dendrobates leucomelas

分布	ガイアナ・ベネズエラ・コロンビア東部・ブラジル北西部
体長	3〜3.5cm前後
飼育タイプ	ビバリウムタイプ

「これぞ警戒色」と言わんばかりの体色を持つ中型のヤドクガエル。本種にはさまざまなカラーリングのモルフこそないが、細かい模様の多い・少ないやバンドの入りかた、黄色の部分の色合いの違い（グリーンがかるモルフ）など、近年、少しずつ知られるようになってきた。いずれも流通の99%はEU圏やカナダからのCB個体である。マダラヤドクガエルと似た雰囲気を持つが本種のほうが全体的にずんぐりした体型をしている。餌取りにも積極的で太りやすく、すぐにおにぎりのような体型になってしまうので、飼育者側である程度セーブするようにしたい。陽気な性格で縄張り意識もさほど強くないため、複数での飼育も十分楽しめる。本種の魅力の1つに鳴き声がある。ヤドクガエルは見ためこそ派手なものが多いが、鳴き声は美声と呼べない種や聞こえづらい種も多い。そんな中で本種はカナリアなどの小鳥のような美声の持ち主であり、それを聞きたいために飼育しているという人も少なくない。ちょっとした高温や乾燥にも強いので、初挑戦の人でも十分楽しむことができる種類だと言える。

レッド

オレンジ

ムーンシャイン

ブルー

セマダラヤドクガエル

Adelphobates galactonotus

分布	ブラジル北部から中部の狭い範囲
体長	3〜4cm前後
飼育タイプ	ビバリウムタイプ

マダラヤドクガエル（*D. auratus*）との混同を避けるため、学名からそのまま「ガラクトノータス」または「ガラクト」と呼ぶ愛好家もいる。数年前まで*Dendrobates*の1種であったが*Adelphobates*（アデルフォバテス属）に移された。現在流通しているモルフは背中が赤色や黄色・水色など一色ベタ塗りの、一見すると背斑（セマダラ）の要素がないモルフばかりであるが、地域によっては斑模様を持つ個体群が知られている。逆に、ムーンシャインと呼ばれる全身が青白、もしくはほぼ純白と呼べるような体色を持つモルフも存在する。ムーンシャインは2005年頃に初めての輸入されたが、当初は*D. galactonotus*と信じてくれない人も多かった。モウドクフキヤガエルの“ミント”にそっくりだが、後肢のざらつき（粒状突起）の有無で判別は可能。飼育は他の中〜大型ヤドクガエルに準じて問題ないが、アイゾメヤドクガエル同様にやや低めの温度帯を好み、高温が続くと調子を崩しやすいため、できるだけ22〜28°Cの間で管理するよう心がける。

ブルージーン。全てのモルフに個体差があり、表現の違いが見られる

イチゴヤドクガエル

Oophaga pumilio

分布	ニカラグア・コスタリカ・パナマ
体長	1.5〜2.5cm前後
飼育タイプ	ビバリウムタイプ

バスティメントス

代表的モルフであるブルージーンは、頭部から総排泄口までが真っ赤に染まり、四肢がブルーという外見でインパクトは絶大。だが、あくまでも本種の1モルフにすぎず、他のヤドクガエル同様、多数のモルフ（地域個体群）が存在する。たとえば、パナマの沖にある一部の離島ごとに個別の色柄が存在し、それはグリーンやブルー・斑点の有無などさまざまである。10年ほど前まではニカラグア産のブルージーンを中心に、各離島のモルフも含めてWC個体が出回っていたが、近年は保護や運搬ルートの消滅（飛行機の乗り継ぎ便の減少）などが原因で、離島原産のWC個体の流通は激減（ニカラグア原産のブルージーンは定期的に流通している）。EU圏などからのCB個体の流通は見られるが、本種を含む*Oophaga*の仲間はオタマジャクシの育成において、メス親が無精卵を水場に産み続けてオタマジャクシを育成する「エッグフィーダー」と呼ばれる仲間で、安定した人工育成によるCB化が不可能となる。そのため、他種に比べてCB個体の流通は少なく、今後も大量生産・大量流通は望めないだろう。飼育はその体のサイズに合う小さな餌昆虫を安定供給できる状況であれば難しくはない。本種は生息域が標高の低い場所が中心で、一部は海岸に近いような場所でも見ることができるため、やや高めの温度（25〜30℃前後）を好む。低温を好むヤドクガエルも多いので、混同しないよう注意したい。注意点としては、成熟したオス同士は激しい縄張り争いをし、たいていは最も強い1匹が残る形まで争うので、多頭飼育の際は注意。

エスクード

エルドラド

ラスタブラス

アクアゲート

バヒア・ガナード

ロマ・アズール

アルミランテ

プンタローレント
チリキグランデ
コロン
ポパ
ブルーノ
グアルモ
カウチェロ
コルブレ
ウヤマ

レッドヘッド

ブルズアイ

ハイユウヤドクガエル

Oophaga histrionica

分布	コロンビア西部・エクアドル北西部
体長	3〜3.5cm前後
飼育タイプ	ビバリウムタイプ

昔から今に至るまで流通が非常に少なく、飼育機会はもちろん、見る機会すらほとんどないと言える愛好家憧れの珍種。理由としては本種の生息地が関係しており、どの場所も行くことが困難なうえ世界的にも特に治安が悪いとされているような地域のため、野生個体の入手が難しい状況である。親個体を入手したとしても本種はイチゴヤドクガエル同様にエッグフィーダー種であり、飼育下での安定した繁殖が困難なためCB化は進まず、ペット市場では2024年現在も流通は稀で高価な種となっている。生息域は他種に比べて狭いもののさまざまなモルフを持ち、同種とは思えないほど変化に富む。動きも独特で、他種と比べ緩やかで落ち着いた動きに風格さえ漂って見えるのは筆者だけだろうか。飼育例が少なく情報も少ないが、同属のイチゴヤドクガエルと比べるとやや臆病かつ陰気な性格である。生息地の標高はあまり高くないものの、過度な高温には強くない傾向が見られるため、植物をふんだんに入れ、高温にならないビバリウムを用意しじっくり飼育しよう。

アンソニーヤドクガエル"アンカス"

アンソニーヤドクガエル

アンソニーヤドクガエル"ブルー"

アンソニーヤドクガエル。若い個体

アンソニーヤドクガエル"エスペランザ"

ミイロヤドクガエル"アルタ"

ミイロヤドクガエル"リオ"

アンソニーヤドクガエル

Epipedobates anthonyi

分布	エクアドル南部・ペルー北西部のごく一部
体長	2〜2.5cm前後
飼育タイプ	ビバリウムタイプ

以前はミイロヤドクガエル（*E. tricolor*）と呼ばれていたが、分類が進んだ現在、これらのタイプは*E. anthonyi*となった。派手な種が多いヤドクガエルでは地味に思えてしまうかもしれないが、鮮やかなレンガ色に白のストライプという体色は独特の美しさがある。大きな地域差（モルフ）はないものの、白のストライプの太さの違いのほか、体色が濃いめの赤色でストライプ部分が青白くなるアンカス（Ankas）と呼ばれるモルフも流通が見られる。いずれも鳴き声が美しく、一聴の価値がある。小型種でやや臆病な面はあるが丈夫で、本属はサイズのわりに大きめの餌を捕食できるため、餌の供給面でも不安が少ない。

繁殖も容易で、ヤドクガエル全般産卵数が少なく10個以下の種類が多いなか、本種は多い時は30以上を産むことも知られている。外見上での雌雄の判別こそ困難だが、良いペアに当たると年間で100匹を超える仔ガエルを得られる可能性があるため、繁殖した後のことを考えてから飼育を開始するべきだろう。

バスレリーヤドクガエル"クロムブルー"

バスレリーヤドクガエル

Ameerega bassleri

分布	ペルー中部（タラポト周辺）の狭い地域
体長	3.5～4cm前後
飼育タイプ	ビバリウムタイプ

近縁種である*Ameerega pepperi*（近年分類が進み分けられた）と共にメタリックな色合いが鮮やかであり、別属のヤドクガエルと比較すると、体型・仕草・皮膚感、どれをとっても異色な存在かもしれない。細身で後肢が発達し、どちらかと言えば半水棲のカエルのような体型。これは本種を含む*Ameerega*の多くが渓流や渓谷を主な生息地としていることが関係していると考えられ、森林の林床と言うよりは森林の中にある渓流のような細い川沿いの岩場を、大きな後肢から生み出される跳躍力で跳ね回っている種類である。好む環境も、風通しの良い冷涼で空中湿度が高いような環境であるという点を頭に入れておきたい。飼育自体は高温と蒸れに注意すれば問題ないのだが繁殖はやや困難とされ、2024年現在、EU圏でも他種ほど安定した流通は見られない。これは全ての*Ameerega*に共通であり、いつでも入手できるような種類ではないと言える。

ミスジヤドクガエル

Ameerega trivittata

分布	フレンチギアナ・スリナム・ガイアナ・ベネズエラ南部・コロンビア南部・エクアドル東部・ペルー・ブラジル中部以北など
体長	4～5cm前後
飼育タイプ	ビバリウムタイプ

ミスジヤドクガエル"ハジャフラーガ"

ミスジヤドクガエル"オレンジ"

南米大陸の中部以北に、他のヤドクガエルには見られない広大な生息域を持つ大型種で、その大きさ（体長）はアイゾメヤドクガエルにも匹敵する。また、先述のバスレリー同様に独特な体型と皮膚感を持っており、ヤドクガエルらしさのない種類とも言われている。グリーンとオレンジのモルフをベースとして、そのストライプの太さや若干の発色の違い、そして、背中の中央のストライプの有無が地域差や個体差（モルフ）として存在する。日本へは昔から主にスリナムからのWC個体がまとまって輸入されていたが、スリナムからはグリーン・オレンジいずれのモルフも輸入されていた（背中の配色には個体差があった）。近年はスリナムからの流通が減少しており、産地名の付いたCB個体がEU圏やカナダから少量ずつ輸入されている。生息域の広さが示すように順応性が高く、環境の選り好みもあまりないため、飼育は容易な部類に入る。ただし、サイズ的にも跳躍力の高さからも小さなビバリウムは不向きであり、最低でも横幅45cm、可能であれば60cm以上のケージを用意したいところだ。

モウドクフキヤガエル

Phyllobates terribilis

分布	コロンビア南西部（太平洋沿岸の狭い地域）
体長	4～5cm前後
飼育タイプ	ビバリウムタイプ

「猛毒」という名は伊達ではなく、皮膚にバトラコトキシンという、0.1～0.3gで致死量という非常に強い毒性の毒を持つ。ヤドクガエルの仲間全体でもトップの強さで他種を圧倒している。しかし、それは野生個体に限ったものであり、CB個体では失われている。本種は流通の100%がCB個体で、ここ数十年（ワシントン条約締結後）にコロンビアからWC個体が輸出された記録はないため、飼育における毒の不安は全くないと言えるだろう。数多くのモルフはないが、成熟した個体においては体全体が青白い体色となるミントを筆頭に、四肢の先が黒く染まるブラックフットや、オレンジ・イエローが存在する。後者2つに関してはやや疑問符があり、単なる色の濃淡（個体差）を選別交配しただけという可能性も捨て切れない（イエロー同士のペアからオレンジに近いものも多数生まれるため）。幼体時期はそれらの色合いに加え、黒いシミのような模様が後肢を中心に体全体的に入るが成長と共に消えていく。

飼育に関しては他のヤドクガエルと比べても特筆した難しさはないが、高温と通気の悪い環境は好まないため（乾燥はNG）、通気の良いやや涼しめのビバリウムを用意する。給餌に関して、本種は*Epipedobates*や*Ameerega*同様、大きな餌を捕食することができる。本種は体自体も大きく、成体においては1cmを超えるような大きなコオロギも果敢にアタックし前肢で掻き込むようにして食べてしまう。餌昆虫で苦労することは少ないものの、あまりに大きなコオロギばかり与えているとすぐに肥満体型となってしまう。それだけならば良いが、肥満は脂肪肝などを引き起こし、いわゆる突然死の原因になりやすいので、大きなコオロギはあくまでも非常時の1つということにして、通常時は他のヤドクガエルと同じように小さめの活昆虫を中心とした給餌を行う。繁殖は比較的容易とされているが、いかんせん雌雄判別が困難で、外見上の確実な判別方法はない。強いて言えば「鳴いた個体はオス」「卵を産んだらメス」と判別できる程度。性成熟には長い時間を要し、上陸後3年ほどかかることも珍しくない。ペアを揃えることが困難かつ大型個体が販売されることは稀なので、繁殖を考える場合は長期的に考えて取り組もう。

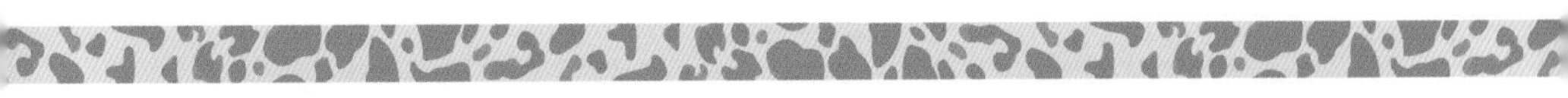

ミント
ブラックフット
ブラックフット

アシグロフキヤガエル

アシグロフキヤガエル

Phyllobates bicolor

分布	コロンビア西部（太平洋沿岸に近い狭い地域）
体長	3.5〜4.5cm前後
飼育タイプ	ビバリウムタイプ

全身が明るいイエローからオレンジに染まり、先のモウドクフキヤガエルに酷似するが、名のとおり後肢のほとんどと前肢の前腕部がメタリックブラックで染まることが本種最大の特徴である（腹面や喉も黒くなる個体もいる）。このメタリックブラックが好みで、モウドクフキヤガエルよりも本種を選ぶ愛好家も多い。ただし、モウドクフキヤガエルも幼体時期は似たような配色を持つため、同時に2種を飼育している場合は混ざらないよう注意が必要。野生個体は強毒の持ち主で、毒性ではヤドクガエル中、本種が2番手とされている。しかし、本種もここ数十年の間でWC個体が日本に流通した例は知られておらず、流通の100%がCB個体で毒性はなくなっているので不安はない。飼育方法および注意点はモウドクフキヤガエルに準じるが、本種のほうが順応性が高く、やや高めの気温でも調子を崩すことは少ないと感じる。とはいえ、高温と蒸れ・給餌方法には注意しよう。繁殖もモウドクフキヤガエルに準じ、本種も成熟には時間を要するため、しっかり親個体を飼い込むことが繁殖の必須条件となる。

キスジフキヤガエル

Phyllobates vittatus

分布	コスタリカ
体長	2.5〜3cm前後
飼育タイプ	ビバリウムタイプ

キスジフキヤガエル

キスジフキヤガエル"スペシャルカラー"

フキヤガエルの仲間（*Phyllobates*）においては先述の2種が人気・知名度共に高く、本種や*P. aurotaenia*（ココエフキヤガエル）はやや日陰の存在と言えるかもしれない。とはいえ本種は、野生生物保護の代表的な国でもあるコスタリカの固有種で、ペットとして流通していること自体ありがたい。流通している個体は全てCB個体で、EU圏からを中心に、国内繁殖個体もしばしば出回る。黒地に鮮やかなオレンジのストライプが背中側両サイドに入り、四肢から腹面にかけては青い網目模様が広がる。大きな地域差（モルフ）はなく、背中の中央に3本目の線が途切れ途切れに入る個体や、各色の若干の濃淡が見られる程度。飼育は特別なクセもなく、基本的なヤドクガエルの飼育スタイルで問題ない。本種も先述の2種同様、体のサイズのわりには大きめの餌昆虫を捕食可能で、成体であれば1cm近いコオロギなども食べることができるため、餌昆虫で困ることは少ない。ただし、やはり大きい餌を中心にすることはよろしくないので、無難な大きさの餌を安定供給できるようにしたい。

キンイロマンテラ（キンイロアデガエル）

Mantella aurantiaca

分布	マダガスカル東部
体長	1.5～2cm前後
飼育タイプ	ビバリウムタイプ

鳴くキンイロマンテラのオス

成体

朱色からオレンジ色という色合いで、キンイロ（金色）という名に若干疑問符が付くが、名前の話はさておきその色彩に目を奪われるだろう。マンテラ（アデガエル）の仲間は本種を含め全てがマダガスカル固有種。昔から毎年冬になるとWC個体が輸入されているものの、ここ数年はその数が激減し、全く輸入のない年もある。CB化はあまり進んでおらず、稀にEU圏や日本国内の愛好家などのCB個体が流通するが、その数はわずか。本種に限らずマンテラの仲間はヤドクガエルと違い、どの種も飼育下での繁殖がやや困難と言われており、繁殖例自体も少ないため、今後もCB個体の安定した流通は望めないのかもしれない。一方で、飼育面ではどの種類も多少の乾燥や低温には強く、見ため以上に丈夫なため飼育しやすい部類だと言える。昔は高温に弱いという情報が流れていたが、それはヤドクガエルも同様であり、常識的な気温の範疇（28～30°C程度まで）であれば問題はない。やや臆病な面があり、ヤドクガエルに比べて隠れがちなため常に見ていたいという人にはやや不向きだが、小さな餌昆虫を安定供給できればどの種類も長期飼育は十分可能だろう。

グリーンマンテラ（グリーンアデガエル）

Mantella viridis

分布	マダガスカル北部
体長	2～2.5cm前後
飼育タイプ	ビバリウムタイプ

グリーンマンテラのオス

グリーンマンテラの幼体（国内CB）

カエルの色にありそうでない、若草色のような明るいグリーンが美しい、古くから親しまれているマンテラ。やや黄色みが強くなる個体もいるが個体差の範疇である。他のマンテラと比べ特に成熟したメス個体はやや大型になり、横幅もあるがっちりとした体型も相まって見応えがあるだろう。以前はWC個体の流通が主流だったが、2010年代に入って以降WC個体の流通は減少し、ここ数年は皆無となってしまった。それはマダガスカル側からの輸出可能（輸出許可）の枠がないからで、今後もその枠が出ないかぎりWC個体の流通は望めない。ただし、本種は比較的CB個体の流通も見られ、EU圏やカナダ、そして、国内の愛好家からのCB個体が不定期ながら出回ることが期待できる。飼育はキンイロマンテラに準ずるが、本種はやや大きいのでそれだけ頑丈だと言える。表立った喧嘩もなく複数飼育も楽しめるだろう。

ウルワシマンテラ（ウルワシアデガエル）

Mantella pulchra

分布	マダガスカル東部
体長	2〜2.5cm前後
飼育タイプ	ビバリウムタイプ

ウルワシマンテラ

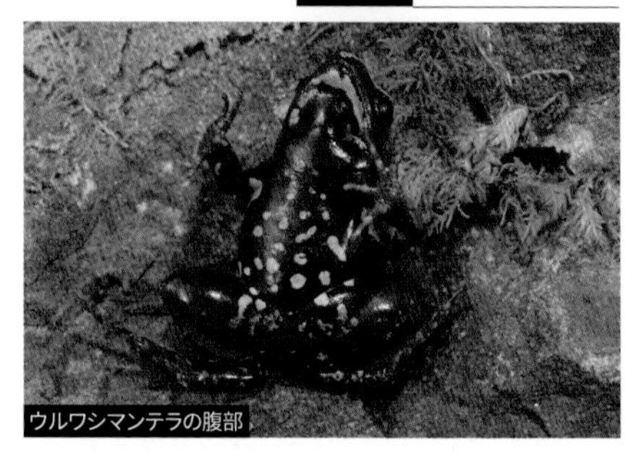
ウルワシマンテラの腹部

名のとおりどこか気品があり“和の美しさ”のようなものが感じられるのは筆者だけだろうか。上品な漆器のような配色も趣がある。本種も他種同様、WC個体の流通が主でCB個体の流通はほぼ見られない。近年はそのWC個体の流通も減っているため、本種を見かける機会自体が少なくなっていると言える。後述のマハジュンガマンテラ（*M. nigricans*）に似た配色だが、本種ではほとんどの個体で背中にグリーンが入らないのに対し、マハジュンガマンテラではほぼグリーンが入る。それ以外にも、後肢に入る赤みの有無（本種は赤い模様が入る）や腹の模様の違いで区別は十分可能である。

ブラウンマンテラ

ブラウンマンテラ（ブラウンアデガエル）

Mantella betsileo

分布	マダガスカル西部から中部を中心にほぼ全土（東部を除く）
体長	2〜2.5cm前後
飼育タイプ	地上棲乾燥タイプ

セアカマンテラの別名もある、古くから親しまれている本属の代表種。マダガスカルにおける生息域も他種に比べて非常に広く生息数が多いためか、WC個体の輸入量も昔から特に多い近年ではさすがに流通量は減ったものの他種に比べたら多く、入手のチャンスは十分ある。やや赤みがかる茶色（カッパー色）の背中と脇腹から腹面にかけて漆黒という配色は渋さを持つ。他種に比べてやや地味な印象もあるが、飼い込むにつれて背中の赤みが増す個体も多く、腹面の水色の斑点が四肢や顎周りに出る個体もいるため、長期飼育してこそ魅力がわかるマンテラだ。

バロンマンテラ

バロンマンテラ（バロンアデガエル）

Mantella baroni

分布	マダガスカル東部から南東部にかけて
体長	2.5～3cm前後
飼育タイプ	ビバリウムタイプ

かつてマダガスカルマンテラ（もしくはハイレグマンテラ）と呼ばれて流通していた種類（*M. madagascariensis*）がおり、近年、2種に分類されたうちの1つ。両者は酷似しており区別ができないようにも感じるが、外見上の違いはいくつかある。まず顎下の模様が異なる。本種は腹部に入る水色のスポットが顎にも小数入るのみだが、マダガスカルマンテラにおいては下顎の縁をなぞるように（馬の蹄の形のように）水色の模様が入る。これが最もわかりやすい相違点であろう。後肢の裏側の模様も異なり、本種では基本的に脛から下が赤く染まるのに対し、マダガスカルマンテラは肢の付け根あたりから赤みが入り、鮮やかなフラッシュマークのようなオレンジ色が入る個体も多い。近年の流通は本種が中心だが、気になる人は見てみると良い。近年はマンテラの仲間全般流通量が減っている中において、本種と後述のマハジュンガマンテラ（*M. nigricans*）は、生息域が広いこともあってかWC個体の安定した流通が見られている。しかし、繁殖の難しさは他種と同様のようでCB化は進んでいない。WC個体の流通が今後減ることは十分予想できるので、飼育の際はぜひ繁殖まで視野に入れてほしい。

マハジュンガマンテラ（マハジュンガアデガエル）

Mantella nigricans

分布	マダガスカル東部から北東部にかけて
体長	2～2.5cm前後
飼育タイプ	ビバリウムタイプ

マハジュンガマンテラ

マハジュンガマンテラの腹部

比較的最近になって新種記載された種で、日本へのまとまった流通も2010年代以降であると記憶している。しかし、本種は先述のバロンマンテラ（*M. baroni*）と近縁とされ、バロンマンテラの北部個体群とされていた時期もあったようだ。故に過去にはバロンマンテラとして、さらに昔はマダガスカルマンテラ（*M. madagascariensis*）として流通していた可能性も捨てきれない。ただし、本種は腹面を除いたら基本的に緑色・黒色・茶色の3色で構成されており、赤色やオレンジ色の模様が入らないことがわかっているため、今現在、判別方法はしっかりしたものとなっている。本種も2024年現在はWC個体の流通が比較的安定して見られるものの、CB化は進んでおらず、世界的にも繁殖例は少ないため、流通が見られるうちに繁殖にもトライしてほしい。

ミナミジムグリガエル

Kaloula baleata

分布	インドネシア・マレーシア・フィリピンの一部など
体長	6〜6.5cm前後
飼育タイプ	地中棲保湿タイプ

以前は同属のアジアジムグリガエル（*K. pulchra*）が本属の代表、いや、アジアの地中棲カエルの代表と言えるほどペット市場に多く流通していたが、2016年10月1日施行の外来生物法により特定外来生物に指定され、輸入が不可となってしまった。それに伴い、アジアジムグリガエルに代わって本種や後述のビルマコガタジムグリガエルといったアジアに生息する別の地中棲カエルに注目が集まってきた感がある。アジアジムグリガエルほどではないが本種も東南アジアに広く分布する。環境への適応能力は高く、飼育下でも丈夫で多少の乾燥にも強い。見ためは褐色中心でやや地味だが、個体によって色の濃淡はある。また、四肢の付け根にオレンジ色や黄色の斑紋が入り、飼育下でたまに見えると嬉しくなる。ただ、意外と安定した流通は見られないため、常に手に入るようなカエルではない。

ビルマコガタジムグリガエル

Glyphoglossus guttulatus

分布	タイ・ラオス・ミャンマー・カンボジア・ベトナムなど
体長	3〜4cm前後
飼育タイプ	地中棲保湿タイプ

ビルマコガタジムグリガエル

ビルマコガタジムグリガエル。ミャンマー産

ジムグリガエルの名を持つが、アジアジムグリガエル（*K. pulchra*）などとは別属のコガタジムグリガエル属（*Glyphoglossus*）で、小さいという以外にも見ためや習性・動きなど全体的にやや異なる。本種は通常時（膨らんでいない時）はやや扁平な体型で、体に対して頭部（特に頭幅）が大きめ。トリッキーな動きを見せることも多く、掘り出して潜れないような場所に置くと、歩き回るというよりは激しく跳ね回ることが多い。潜るスピードも速く、別属の種類だと実感できるだろう。褐色が基本色となるが、赤みの強い個体や黄色みの強い個体・全体的に色が薄い個体・斑紋の有無など色合いの個体差は激しい。本種も他のジムグリガエルなどと同様に丈夫だが、先述のミナミジムグリガエルなどと比べると乾燥に弱い。やや神経質な面もあるため、特に導入初期や輸入したての個体はしっかり潜らせて落ち着ける環境を用意しよう。

成体

メキシコジムグリガエル（ポーチ）

Rhinophrynus dorsalis

分布	アメリカ合衆国（テキサス州最南端）・メキシコ・グアテマラ・ホンジュラス・エルサルバドル・ニカラグア・コスタリカ北部
体長	6～8cm前後
飼育タイプ	地中棲保湿タイプ

幼体

生物学的にも珍しい1科1属1種のカエルであり、文字どおり“オンリーワン”と言って良いような中米を代表する超珍種。カエルファンの間では、パグガエル（*Glyphoglossus molossus*）と並び、いろいろな意味で地中棲カエルの最高峰的存在で、同時に最難関とされているカエルの1つ。他種とは一線を画す容姿・体型で、カエルと思えない顔つき。細長く突き出た口は地中でシロアリなどを捕食するためだとされていたが、捕食活動は地表にて行うという情報がどうやら正しいようで、雨季に積極的に地表に出てきて捕食活動を行うとされている。艶のある皮膚感から乾燥に弱いと思われていたものの、乾季のある地域が主な生息域のため多少の乾燥には耐性があるとも言われている。生息域は広いのだが流通量は昔から少なく、理由として本種が弱いために輸出までのストックや輸送に耐えられないという説と、単純に採れない（地表に出てくる期間が短い）という説がある。おそらくどちらも言えるのだろう。実際飼育下でも、数少ない流通例の中だが長期飼育例はほぼなく、飼育の「正解」も2024年現在はわかっていない。ただし、上記のように生息域のデータがある程度集まり、他種の地中棲カエルの飼育データも豊富にある現在、流通が見られたら以前よりは長期飼育ができるのではないかという希望はあると感じている。

「ポーチ」という名の由来を知っている日本人は非常に少ないかもしれない。「ポーチ＝（Pouch）」直訳すると「袋」などを意味するが、この場合においてはカエルの「鳴嚢（めいのう）」を指す（嚢は訓読みで「ふくろ」）。多くのカエルは鳴嚢を喉に持ち、それを大きく膨らませ振動・共鳴させて鳴き声を発するが、本種は喉に鳴嚢を持たない。代わりに体内に同様の器官である内部嚢を持ち、それを膨張させて音を発する。この特殊な体の構造から、本種の体全体が嚢（ふくろ）となるという意味で「ポーチ（Pouch）」という名が付けられたとされている。

マダラスキアシヒメガエル

Scaphiophryne marmorata

分布	マダガスカル東部
体長	3〜4cm前後
飼育タイプ	地中棲保湿タイプ（やや乾燥寄り）

北米に分布するスキアシガエル属（*Scaphiopus*）と混同されがちだが、本種を含むスキアシヒメガエル属（*Scaphiophryne*）は全てマダガスカル固有種であり、全くの別種。本種は他種に比べて皮膚のざらつき（粒状突起）が顕著で、若草色と褐色が入り乱れたような褪色は、苔への擬態だとすると“出来が良い”と言える。実際、本種を含むスキアシヒメガエルの仲間は地中へも潜るが、生息地では落ち葉の中に埋もれるような形で生活していることが多いようで、地表に出る機会も多いとされ、擬態のような配色となったとも考えられる。やや開けた熱帯雨林やそれに近い草原などに生息していることが知られおり、飼育下でも過剰な多湿の環境だと調子を崩しやすい。通気性の良い環境で過剰な多湿と高温に注意し、部分的に保湿をするようなスタイルが望ましい。本種はワシントン条約附属書II類（CITES II類）に掲載されているが、2024年現在、以前と比べて減ったとはいえ流通はあり、毎年少量ずつの輸入は見られる。入手のチャンスはあるだろう。

アミメスキアシヒメガエル

Scaphiophryne madagascariensis

分布	マダガスカル中部
体長	4〜5cm前後
飼育タイプ	地中棲保湿タイプ（やや乾燥寄り）

キノボリスキアシヒメガエル（*S. boribory*）に似るが、背中の模様の入りかたが異なることと、指先の吸盤（パッド）の有無（本種はない）で見分けることができる。マダラスキアシヒメガエル（*S. marmorata*）にも似るが、本種はその名のとおり黒い体色の中に緑色の網目状の模様が入る配色が特徴であり、緑色の面積は本種のほうが狭い。サイズも本種のほうが大きくなるためこちらも見分けは十分可能だろう。過剰な多湿と高温に注意すれば、その他は基本的な地中棲種の飼育方法に準じて問題ない。マダガスカル産のカエル全般、やや低温を好み高温には弱いため、夏場の管理には注意しよう。一方で冬場の低温には比較的耐性があるので、過剰な保温をしないように気をつける。なお、マダラスキアシヒメガエルなどはワシントン条約附属書II類（CITES II類）に掲載されているが、本種は非該当。

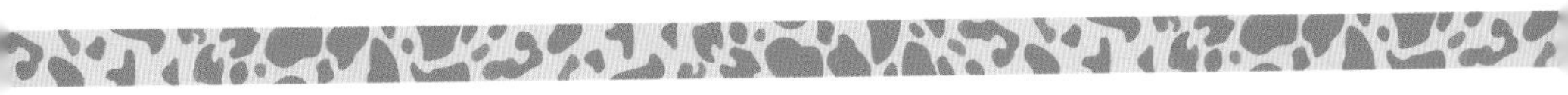

オイランスキアシヒメガエル

Scaphiophryne gottlebei

分布	マダガスカル中南部
体長	2〜3.5cm前後
飼育タイプ	地中棲保湿タイプ（やや乾燥寄り）

白塗りの体に黒の網目模様、背中には赤色と緑色の大きな斑紋と、「花魁」の名がこれほどしっくりくる生き物も珍しい。基本的に外敵に見つかりにくい地中棲種で周りは土や腐葉土なのになぜこのような色彩になったのか。真相は不明である。マダガスカルの中南部に位置する狭い地域の渓谷や周辺のやや開けた草原などに生息していることが知られているが、正確な生息地はここ20年程度の間で判明したという。地中棲種ではあるものの、夜間には川沿いを歩き回ったり渓谷のちょっとした岩壁などを登ったりすることが知られている。潜るだけでなく、岩の下や隙間などにも潜んでいることも多いようだ。飼育時でも地上で見られることが多く、飼育者を楽しませてくれる。古くからペット流通があり親しまれていたのだが、2002年にワシントン条約附属書II類（CITES II類）に掲載されて以降、流通数は激減した。

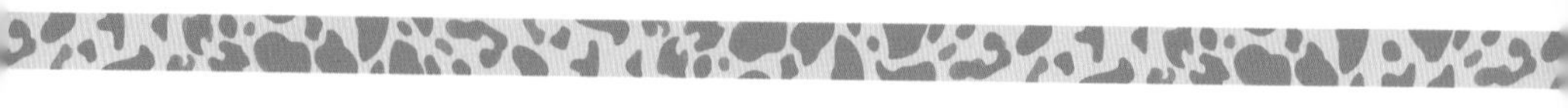

キノボリスキアシヒメガエル

Scaphiophryne boribory

分布	マダガスカル東部
体長	5〜6cm前後
飼育タイプ	地上棲保湿タイプまたは地中棲保湿タイプ

2000年初頭に学名が付けられ、2000年代後半になりようやくまとまった流通が見られた本属のニューフェイス。オニスキアシヒメガエルの異名もあるように大型で、他種に比べて四肢も長く、数値以上に大きく感じる。水場が多く湿度が高めの砂地の森林地帯に生息していることが知られ、長めの四肢を駆使して徘徊しているとされる。岩や木に積極的に登るため、指先の吸盤（パッド）が発達し、跳躍力が高く、大型種であるものの属中で最も活動的。湿度が高めの地域が生息地とされているが、多少の乾燥には耐性があり、基本的には丈夫。飼育に関しては他のスキアシヒメガエル同様の管理で問題はない。ただし、サイズと行動力を考え、やや広めのケージを用意し、地中棲種のセッティングというよりは、樹上棲のカエルを飼育するセッティングの中間的な環境で飼育すると、習性（魅力）を観察できて楽しむことができる。

ミナミスキアシヒメガエル（ブレビススキアシヒメガエル）

Scaphiophryne brevis

分布	マダガスカル西部から南部にかけて
体長	3〜4cm前後
飼育タイプ	地中棲保湿タイプ

他種に比べて吻先が短めで全体的に丸みがあり、ずんぐりした体型に見える小型のスキアシヒメガエル。学名の*brevis*の意味が「短い」である点にも表れている。マダガスカル西部から南部の沿岸部と比較的広範囲に分布しており、やや乾燥した草原（サバンナ）やそれに隣接する開けた森林の底床に生息している。雨季には水没する地域もあり、水場が主な産卵・繁殖地になるとされている。飼育においては乾燥系地中棲種のセッティングに準じる。小型種であるが他種よりもさらに丈夫で、乾燥にも多少の高温にも強い。乾くのを恐れて過剰に保湿をしないように注意しよう。本種はアミメスキアシヒメガエル（*S. madagascariensis*）同様、ワシントン条約非該当種だが流通は稀で、2024年現在では2〜3年に1回程度、少量が流通するのみ。

ユニークな顔つき

移動はゆっくり

威嚇時は頭を下げて腰を持ち上げる

ヒトヅラオオバガエル

Plethodontohyla tuberata

分布	マダガスカル中東部
体長	3〜4cm前後
飼育タイプ	地中棲保湿タイプ（やや乾燥寄り）

ヒトヅラ＝人の面＝人面ガエル。その名は伊達ではなく、やや前向きに付いた目とその顔の構造・模様（目から鼻先への筋）から、正面から見た顔が人間の顔のように見えるという、奇妙でありながらどこかかわいさも持ち合わせているマダガスカル固有種。本属（*Plethodontohyla*）は他に10種が知られているが、日本へ輸入されたのは本種のみ。茶褐色の体色に黒の不規則な細かい模様が入り、背中になだらかな粒状突起を持つ。濃い薄い、模様の多い少ないなど若干の個体差はあるが、大きな差は見られない。地表に出ている時間も長く、地中棲と地上棲の中間的な種類だと言える。ある程度しっかりした乾季がある地域で、やや深く潜って夏季休眠のようなことをする習性も知られており多少の乾燥や高温にも強い。生息域はやや狭いとされているものの丈夫な種で、見ためも相まって飼育欲そそられる種類ではある。流通は不定期であり、毎年流通するようなカエルではない。

成体

アメフクラガエル

Breviceps adspersus

分布	アンゴラ・ザンビア南部・ジンバブエ・モザンビーク・ナミビア・ボツワナ・南アフリカ共和国・スワジランド
体長	4〜6cm前後
飼育タイプ	地中棲乾燥タイプ

日本のペット流通種の中においては、地中棲カエルの代表種・地中棲カエル界のアイドルとも言うべき存在になっている有名かつ人気種。多くの人は「フクラガエル＝アメフクラガエル」という認識だろう。しかし実際、フクラガエル属（*Breviceps*）のカエルは20種以上知られており、全て地中棲という人目につきにくい種であるということもあり、さらなる新種発見の可能性すらある。特徴しかない、特徴の塊と言えるカエルで、まん丸の体に短い四肢というキャラ立ちした外見は、人に愛されるために作られた生物なのかとも思ってしまう。皮膚はややざらつき（小さな粒状突起）があるが硬くはなく、全体的にしっとりした質感である。色彩には個体差があるものの、環境などで変化することも多い。ハイポやレッドなどの名が添えられて売られていることも多いが、遺伝性は不明。日本国内には1990年代後半から2000年代前半にかけて流通が始まったと考えられる。流通当初は管理方法や特性がわからず、ツノガエルのように水を張った管理も見られるほどであった。2005年から2006年前後には輸入が一時期途絶えたがそれ以後は南アフリカ共和国から安定した輸入が見られている。だが、流通する100%が野生個体であるため、いつ輸入が急に止まってもおかしくはない。毎年11月末頃から4月頃にかけて輸入が見られるが、これは生息地が雨季（夏）になりカエルが地表に出てきて採集できるため。逆に言えば、この活動時期以外は採集が難しく、新たな輸入は見込めない。そういう意味でも購入希望者は流通時期に確実に入手すると良い。

飼育に関しては長期飼育困難種としても有名であったが、近年ようやく数年レベルの長期飼育例が多々聞かれるようになった。しかし、飼育下での自然繁殖例に関しては世界を見渡しても皆無で、CB個体の流通は2024年現在見られない。ただ、年々飼育データが蓄積していることは間違いないため、数年単位の飼育が達成できた人は、今後は長期飼育のさらなる先の「自然繁殖」を目指して試行錯誤して頂きたい。

顔つきも体つきも独特

色彩や模様には多少の個体差が見られる

アメフクラガエル（左）とモザンビークフクラガエル（右）の比較

モザンビークフクラガエル

Breviceps mossambicus

分布	タンザニアから南へ南アフリカ共和国まで
体長	4～5cm前後
飼育タイプ	地中棲乾燥タイプ

アメフクラガエルと似ているが、本種は目の下から前肢に向けて入る黒いラインが最大の特徴。模様から愛称は「ラスカル」だったことは今は昔…だろうか。体色もやや赤みの強い個体が多く、目の下のラインの後側に赤色やオレンジ色の大きな斑紋が入る個体も多いため、アメフクラガエルとの見分けは慣れれば難しくない。アメフクラガエル以上に流通していた時期もあったが、2014年頃にタンザニアが生き物の輸出を止めてしまってから1～2年後に、本種の輸出国であったモザンビークも生き物の輸出を停止。2024年現在、流通が見られなくなってしまった。一時は「アメフクラガエルと混ざって輸入される」「モザンビークフクラガエルも南アフリカから輸出されている」などの噂も飛び交ったが、輸出国は明確に分かれていることが、現在の流通状況が示している。飼育自体はアメフクラガエルに準じ、本種のほうが多少の低温・多湿にも強くやや丈夫な印象を受ける。今の状況が続けば今後の流通はあまり見込めないが、アメフクラガエルの飼育年数も延びているため、本種も長期飼育例が出てくるだろう。

成体

パワーズフクラガエル

Breviceps poweri

分布	モザンビーク北西部・ジンバブエ北東部・マラウイ・ザンビア・コンゴ民主共和国南部・アンゴラ東部
体長	3〜4cm前後
飼育タイプ	地中棲乾燥タイプ

2014年前後に初流通が見られた、通称「第3のフクラガエル」。アメフクラガエルに似ているが、本種の背中には模様が少なく全体的な体色もやや暗めで、体側にオレンジ色やクリーム色の斑点が並んで入ることが特徴。個体差もあまりない。最大サイズはアメフクラガエルほど大きくならないとされている。ただし、流通例やデータが少ないため、飼育する場合は同じケージで飼育するなどはせず、ケージを分けてしっかり付箋などを貼って区別しておこう。データが少なくはっきりしたことは言えないが、本種はアメフクラガエルに比べてやや飼育困難という印象を受ける。過去の流通時、同じ環境で飼育していると本種のみが早い段階で脱落していくことが多かった。ただし、単にデリケートなだけなのか、流通の過程でダメージを負うことが多くて回復できずに死んでしまうのかなど定かではない部分もある。本種は主にコンゴ民主共和国やトーゴから輸出されてくるが、少なくともトーゴは分布域に入っていない。採集されてから陸路などで移送されているのであれば、移送時は1つのケースに多くのカエルが入れられることが想定され、その過程でダメージを負う可能性も高い（アメフクラガエルはそのリスクがない）。今後流通が続けば飼育データも取れていくことだろう。

成体

コーチスキアシガエル

Scaphiopus couchii

分布	アメリカ合衆国南部（カリフォルニア州最南東部・アリゾナ州・ニューメキシコ州・オクラホマ州・テキサス州）・メキシコ北部（バハカリフォルニアを含む）
体長	5〜8cm前後
飼育タイプ	地中棲乾燥タイプ

北米大陸はヒキガエルの天国とも言え、多くの種が生息している。その中で、生活圏が重ならないよう地中に居場所を見つけたのか定かではないが、そのように想像できる生活史を持つのが本種を含むスキアシガエル属（*Scaphiopus*）で、3種が知られている。本種はオリーブグリーンの体色をベースとして、そこに黒っぽい網目模様が入る。網目模様については濃淡に多い少ないがあり、稀に無地に近いような個体も見られる。アメリカ合衆国からメキシコ北部までのやや乾燥した低地に広い分布域を持ち、地中棲としてはやや縦長で一見するとヒキガエルのような体型。決定的に異なるのは瞳（瞳孔）の形で、ヒキガエルの仲間は明るい時は横長になるのに対し、スキアシガエルの仲間は縦長（猫目）になる。また、名のとおり潜ることに適した肢である鋤足（スキアシ）を持ち、それは後肢踵部分の突起を指す。それをうまく使い、乾季や冬、過剰に熱い真夏の間は地中に潜り、休眠を行うことが知られている。乾燥・低温・高温、いずれにも強い。一方で、過剰な湿り気には弱く調子を崩しやすいため、飼育時は床材の濡れすぎにだけは注意。近年、北米原産の生き物全般保護（自国の法律によるもの）の対象となる種類が多くなり、本種を含めて全体的に年々流通量は減っている。2024年現在はまだ流通が見られるが、今後、流通がストップしても不思議ではないだろう。

ホルブロックスキアシガエル（トウブスキアシガエル）

Scaphiopus holbrookii

分布	アメリカ合衆国東部（ミズーリ州東部からアーカンソー州東部・ルイジアナ州東部から東側全域、北はマサチューセッツ州まで）
体長	4〜7cm前後
飼育タイプ	地中棲乾燥タイプ

コーチスキアシガエル（*S. couchii*）と共に北米を代表する地中棲カエル。コーチスキアシガエルの分布しない北米大陸東側に広い分布域を持ち、北限は五大湖付近まで及ぶ。故に、本種のほうが耐寒性があり、環境への順応性はより高い。実際に飼育下でも、室内であれば無加温での飼育は可能である。褐色ベースの体色で、背中に黄色い2本の縦線が入る個体が多い。それが波打つように入ることから「砂時計のような形」と表されることも多い。また、その線と同じ色合いの不規則な斑紋が背中や体側に入る。コーチスキアシガエルと混同されることも多いが、色柄はだいぶ異なるので、見慣れれば見分けは可能。丈夫で、先にも述べたように過剰な多湿環境を除けば、多様な環境への順応性も高いので、コーチスキアシガエル同様、丈夫な種だと言える。2024年現在、スキアシガエルの仲間の中では本種が最も流通する種であるので、入手のチャンスも十分ある。

フランス産

ニンニクガエル

Pelobates fuscus

分布	ロシア西部（モスクワ付近）から西へフランスまでのほとんどの国（バルカン半島中部以南を除く）
体長	5～7cm前後
飼育タイプ	地中棲乾燥タイプ

西はフランス東部から東はロシア西部まで広い分布域を持ち、ユーラシア大陸を代表するカエルと言っても良いかもしれない。イタリア北部の個体群は亜種（*P. f. insubricus*）として分けられている。威嚇の際にニンニクのようなにおいを出すことから名が付けられたが、実際にそれを嗅いだことのある人は少ないとされる。その他の特徴としては鼓膜がないことが挙げられる。理由は不明だが、どの地域の個体にも鼓膜が見られない。本属はスキアシガエルに近い仲間であり、後肢に同様の突起を持ち、後肢の水掻きが発達している。習性も似ており、生息地では冬に長い冬眠期間があり、2m近く掘り進んで冬眠することもあるというデータがある。生息地の緯度から考えても、日本でも室内であれば無加温での越冬は可能だろう。通気性がある程度良ければ多少の高温にも耐性があり、下手をすると野外に定着してしまう可能性もあるため、野外放出はもちろん野外への脱走にも十分注意。分布域の広さが物語っているが、環境への順応性は高く、よほど変な環境にしなければ長期飼育できるはずだ。ただし、流通はさほど多くなく、たまにEU圏からCB個体が少量ずつ出回る程度であるため、いつでも入手できるようなカエルではない。

鼻先が尖る

ベナン産

リューシスティック

マダラアナホリガエル

Hemisus marmoratus

分布	アフリカ大陸中部以南（サハラ以南）のほぼ全域
体長	2.5〜4.5cm前後
飼育タイプ	地中棲乾燥タイプ

アフリカ大陸の砂漠気候の地域（国）以外のほとんどに分布する小型地中棲種。サバナ気候やステップ気候の地域には多く分布しているとされ、日本へも主に西アフリカのガーナやトーゴ・ナイジェリアなどから定期的にまとまった輸入が見られている。オリーブグリーンの体色に黒い斑紋や網目模様が入るが、色柄には個体差が見られる。大きな特徴として、先述のミューラーシロアリガエル（*Dermatonotus muelleri*）同様、その尖ったシャベルのような頭部を利用して頭側から地面に突っ込む形で地中へ潜るタイプであり、この潜りかたをする種類は意外と少ない。広い分布域が示すように種類としては丈夫だと言え、実際、乾燥や高温にも強い。反面、長期飼育例が少なく、数年飼育しているという例をあまり耳にしない。理由は床材の湿らせすぎなどさまざまだが、餌の活昆虫のサイズや種類が合っていない可能性も考えられる。見ためどおり口が小さく、食べられる餌は極小サイズに限られる。かつ、不器用で鈍臭い動きで捕食するため、動きの速い昆虫を捕食することは困難に見える。そのような中で知らず知らずのうちに餌不足になってしまうことが一因ではなかろうか。飼育時は活昆虫の種類やサイズを考えながら飼育してみてほしい。

成体

ベルツノガエル

Ceratophrys ornata

分布	ブラジル南部・アルゼンチン中部以北・ウルグアイ
体長	10〜15cm前後
飼育タイプ	ツノガエルタイプ

カエル全体でもペットとしての歴史が最も長い種類の1つであり、カエルにあまり興味がなくても名前くらいは知っていたり実物を見たことのあるという人が多いかもしれない。極彩色をしたカエルで見ための派手さで言えばヤドクガエル以上かもしれない。愛嬌のある容姿・飼育しやすさと三拍子も四拍子も揃う、言わばカエル界のスーパースター的存在を担う。しかし、本種に関しては定期的に議論が勃発している。ここ15年前後は国内で繁殖された個体が安定的に出回っているが、本種の大きな特徴である「絶壁に近い顔（口先）」を持たず、口先が尖っている個体群が出回ることがあり「ハイブリッド（異種間交雑）」とする論調がある。過去に、後述のクランウェルツノガエル（*C. cranwelli*）とベルツノガエルを交配させて生まれた個体をベルツノガエルだとして売り出していた繁殖者もいた。しかし、実際に交配しているところを見ないかぎり、その個体がハイブリッドだと断定することは難しく議論を決着させることはできない。親個体がベルツノガエルであっても、2〜3世代前に交雑させている可能性もあるだろう。なお、野生個体の流通だが、分布する国は全てが生物の輸出を厳しく制限している国で、保護の影響もあり、WC個体の流通は皆無。少なくともここ20年ほどは見られていない。2024年現在、本種のWC個体を見たことのある飼育者や販売者は今ではだいぶ少なくなっているだろう（筆者も確実なWC個体は見たことがない）。そういった経緯から「正解」を知らない人がハイブリッドの議論をしている場合も多いのだが、それはややナンセンスかと考える。筆者個人の考えだが、少なくとも購入者がその個体を気に入れば他人がとやかく言うことではないだろう。よりベルツノガエルらしい個体が欲しい場合は、こまめにショップやイベントなどに足を運び、数多い中からそれらしい個体を選ぶようにしたい。

フルレッドの名で流通する個体

赤みがあまり差さない個体

赤みの強い個体

若い個体

幼体

幼生

クランウェルツノガエル

Ceratophrys cranwelli

分布	ブラジル南部・ボリビア・パラグアイ・アルゼンチン北部
体長	7〜12cm前後
飼育タイプ	ツノガエルタイプ

ベルツノガエル（*C. ornata*）と共に古くから流通が見られるツノガエル。近年ではどちらかと言えば本種のほうが流通の主流となっており、さまざまな品種が繁殖されている。ベルツノガエルと比べるとひと回りからふた回り小さく、野生個体（原色）に限って言えば色合いは褐色ベースで若干のグリーンが入る個体もいる。本種は背中に矢印状に出る太いラインが大きな特徴で、WC個体の中には濃い褐色の中にクリーム色の矢印が浮かび上がる個体も多く印象的。ベルツノガエルと比べると口先が尖っていて、体の大きさに対してより頭部が大きく感じられる。数年前まで定期的にWC個体が流通していたが、近年は保護やその他流通事情によってほぼ見られなくなってしまった。CB個体のほうは安定した流通があり、アルビノなどの品種をはじめ､原種に近い色合い（褐色）の個体も販売されているので、好みの個体を選ぶ楽しみもある。

WC個体
ルビーアイ
グリーンアップル
クリスタルレッドアイ
アプリコット
アルビノ
ライムグリーンパターンレス
T+アルビノパステル
ハイポトランス
トランス

WC個体

アマゾンツノガエル (スリナムツノガエル)

Ceratophrys cornuta

分布	南米大陸中部以北のほぼ全域
体長	7～12cm前後
飼育タイプ	ツノガエルタイプ

広い生息域を持つ南米大陸を代表するカエルで、先述の2種と共に古くから輸入が見られる。以前はスリナムから輸入されるWC個体が流通の主流であったが、近年は国内での繁殖個体が流通の中心となり、稀にガイアナやスリナム・ペルーからWC個体が輸入されることもある。独特な体型で、目の上の角状突起が他種に比べて発達している。体は全体的に平べったく、多少腰骨が出ている姿は一見すると痩せて見えるかもしれないが、これはデフォルト（標準体型）で、逆に飼育下で過剰に給餌した腰骨が見えない体型が「異常」であると考えてほしい。色彩は大きく分けてグリーンとブラウン・2色の混合という3パターンがあるが地域差ではなく、現地でも全ての色の個体が混ざって生息している。数年前までは先述2種と異なりWC個体が流通の中心であったが、WC個体は餌付きが悪く、人工飼料はもちろん、コオロギなどの昆虫類すらもまともに食べてくれる個体が少なかった。潜らせて落ち着いた環境にした状態で、生きた魚類やカエルを与えたらようやく食べてくれるような個体が大多数だったと記憶している。本種の性格や習性に関係し、神経質かつ、生活場所が主に森林のやや深い場所ということから、隠棲傾向がより強いためだと考えられる。CB個体であっても環境に慣れるまでは餌付きが悪い場合も多いので、飼育する際は「単なるツノガエル」と気軽に考えず、最初は活餌（メダカなど）を導入するなどしっかり準備して臨みたい。

ブラウン

幼体

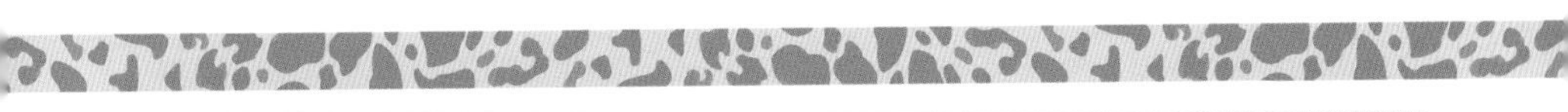

WC個体

外見には個体差が見られる

メス

若い個体

フルグリーン

若い個体

ブラウン

若い個体

幼体

ホオコケツノガエル

Ceratophrys stolzmanni

分布	エクアドル（太平洋岸）・ペルー北部（エクアドルとの国境付近）
体長	6〜8cm前後
飼育タイプ	ツノガエルタイプ

古くから知られるツノガエルでは新顔で、2010年頃に初流通が見られた。WCではなくエクアドル政府公認の保護施設と連携して許可を得ている輸出業者が繁殖に成功、そこからCB個体群が輸出されて2010年に日本に初めて輸入されたものである。以後は国内で定期的に繁殖され、CB個体が流通する。他のツノガエルと比べると小型で、顔つきは細長く、口先が細長く前に突き出ている。それを見ると頬が痩けて見えることから和名が付けられたとされているのだが、個体差もありややわかりにくい。色合いはクランウェルツノガエルに似ており、褐色やグリーン・その混合というパターン。背中の矢印状に出る太いラインを保持している個体も多く、慣れない人はクランウェルツノガエルと混ぜてしまうと判別が難しくなってしまうかもしれない。両者を飼育している人は、ラベリングをするなどしておこう。飼育は他のツノガエルに準じるが、本種はCB個体でもやや神経質な面があり、より土の中を好む傾向も見られるため、しっかりとソイルや赤玉土などを敷いて飼育すると良い。小型種であるため過食にも注意する。

成体

若い個体

正面

幼体

カーティンガツノガエル

Ceratophrys joazeirensis

分布	ブラジル南東部
体長	7〜10cm前後
飼育タイプ	ツノガエルタイプ

ホオコケツノガエルと並び、2010年頃に初流通が見られたツノガエル。初流通もCB個体であったが、ブラジル原産というふれこみもあり、流通当初は「ついにブラジルツノガエルか!?」と湧き上がったが、本種（*C. joazeirensis*）であったという経緯は記憶に新しい。しかし、本種の流通にはやや疑問符が残る。経緯や情報が他種と比べるとややあやふやであったためだ。生息地が生物の輸出規制においては世界トップクラスのブラジルで、熱帯魚の採集などでもあまり人が行かない東側に分布し、突然なぜ流通したのかも不思議。WC個体を見たことのある人は、少なくとも日本国内にはいないと考えられ、極論から言ってしまえば、今、流通している個体が本種（*C. joazeirensis*）であるという確実な保証もないので、ここではあまり断定的なことが言えない。飼育に関しては、現在本種として流通している個体は全てCB個体のため、管理をしていて特別な癖などは感じず他のツノガエルに準じて良い。アマゾンツノガエルなどと比べるとアグレッシブで環境にもうるさくないので、飼育で苦労することはない。

若い個体

ブラジルタイプとして流通した個体

若い個体

若い個体

ブラジルツノガエル

Ceratophrys aurita

分布	ブラジル東部（大西洋沿岸部の狭い地域）
体長	8〜12cm前後
飼育タイプ	ツノガエルタイプ

本種ほど解説が困難なカエルはいないかもしれない。なぜなら、現在ブラジルツノガエルとして流通している個体が、本当に*C. aurita*なのかという問題が挙げられる。理由として、洋書に昔から*C. aurita*として紹介されている写真の個体と、今ペット市場で*C. aurita*（ブラジルツノガエル）として流通している個体の見ためがだいぶ異なるからで、ツノガエルの仲間では最大種とされていた本種だが、実際飼育していても、下手をしたらベルツノガエルよりも小さいサイズで止まってしまう個体がほとんど。この点も大きな疑問点である。2010年前後にアメリカで繁殖された個体が輸入されたのが初流通だったと記憶しているが、その時の個体もそれまで流通していたどのツノガエルにもあてはまらない容姿に成長した。だが、洋書に載っていたそれとは違った。以降はアメリカCBの輸入個体を中心に、近年では国内CB個体も定期的に流通しているものの、カーティンガツノガエルと同じくWC個体を見たことのある人は日本国内にはいないだろう。故に、一応、現段階ではその名で流通してる個体をブラジルツノガエル（*C. aurita*）として扱っているが、本当に正解なのか、逆に過去の洋書の写真の個体が別種であったのか、真実は不明と言える。特に不安があるとすれば、本種が流通したのとほぼ同時期に、先述のカーティンガツノガエルが流通した、容姿や飼育サイズが現在流通する本種（*C. aurita*）にやや似ている。野生下での生息地も近いことから、あまり考えたくはないが、*C. joazeirensis*を*C. aurita*として間違えてしまった、もしくは特徴が本種に近い*C. joazeirensis*を*C. aurita*として流通させた人物がいる可能性もゼロではないのかもしれない。

現在流通している個体は、飼育に関しては他のツノガエルに準じて良い。野生の血が濃いせいもあるかもしれないが、怒りっぽい性格の個体が多く、体全体を膨らませて威嚇してくる個体も多く見られる。やや神経質な性格なので、しっかり落ち着ける環境を用意して飼育すると良い。

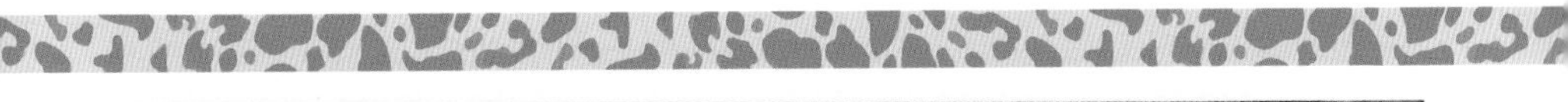

パラグアイ産

ボリビア産

成体。土に体を埋めている

チャコガエル

Chacophrys pierottii

分布	ボリビア南部・パラグアイ西部・アルゼンチン中部以北
体長	4〜6cm前後
飼育タイプ	ツノガエルタイプ

漫画から飛び出てきたようなキャラ立ちする外見で、古くからファンに愛されている南米を代表する地中棲種の1つ。一見するとツノガエルの仲間に見えるが全くの別種。2000年代にはWC個体が流通の中心だったが、各国の生物保護の影響もあり、輸出される例がほぼ皆無となってしまった。近年では国内CB個体が安定して流通し、見る機会はむしろ増えている。ボリビア南部からからアルゼンチン北部にかけて広がる「グランチャコ」と呼ばれる、雨季と乾季の差が激しい広大な平原を中心に分布していることから「チャコ」という名が付けられた。グランチャコは特に乾季が長く、『樹上棲カエルの教科書』にて、ソバージュネコメガエル（*Phyllomedusa sauvagii*）が同じ地域に生息し、環境に適応するための能力を備えたと解説したが、本種もそれに近しいものがある。本種は見ためがツノガエルに比べて乾燥に弱そうな肌質をしているものの、乾季には地中深くに潜り、体表に薄い膜「コクーン（繭）」を作って休眠し、長い乾季をやり過ごす。乾季以外でも、どちらかと言えばやや乾いた地域であり、乾燥によって地割れした地面の上で夜間に獲物を待つ姿がしばしば見られる。

飼育はツノガエルに準じるが、水勝りの環境よりは通気性の良いケージでソイルなどを敷き、ほんのり湿った程度の床材で飼育すると良い結果が出るだろう。野生下では昆虫を主に食べているため、ツノガエルのように魚類中心の給餌よりはコオロギやローチ各種などを与える。

地上棲・地中棲カエルのQ&A

Question & Answer

Q 爬虫類飼育の経験がなくても飼えますか?

A 近い部分もありますが、あまり関係はありません。水への依存度やビバリウムでの飼育を考えると、どちらかと言えば熱帯魚の飼育や水草レイアウト水槽維持の経験が役に立つかもしれません。いずれにしても「とにかくカエルが好き!!」「カエルの飼育・繁殖を成功させたい!!」という強い気持ちがあれば、よほどの飼育困難種でなければ十分飼育可能だと思うので頑張ってください。

Q 初心者にオススメの種類はありますか?

A 筆者の考えですが、どの生き物でも「初心者だからこの種類を飼いましょう」「初心者はまずこの種類から」というような選びかたや勧めかたは好ましいと思えません。飼育において難しいと感じるポイントは人によって違います。丈夫で初心者向けだと言って、あまり興味のない種類を無理に飼育することは良いことではありません。よほどの飼育困難種であれば話は別ですが、自分が飼育したい種類が「頑張れば飼えそう」という種類であるなら、お店と相談しながらそのカエルが飼えるように頑張ることが重要です。もちろん、流通の多い少ない・値段の高い安いもあるので、そのあたりもお店に質問してみてください。

Q 人工飼料に餌付きますか?

A 近年多い質問です。CHAPTER1でも解説したとおり、カエルという生き物は動いているもの以外は餌として認識しません。神経質な種類も多いので、人工飼料への餌付けに苦労することも多いでしょう。今回紹介している種類の中で餌付く可能性が高いカエルとして挙げられるのはツノガエル全般やチャコガエル・アフリカウシガエル・ヒキガエルの仲間（中〜大型種）などでしょうか。ただし、どの種類でも皿などに置いておくだけでは食べてくれません。ピンセットなどを使い、あたかも生きているようにアクションをつけるなどの工夫が必要となります。餌付かない場合も多々あるので「絶対に生きた虫は触れない!!」という人はカエルの飼育自体を諦めてください（ツノガエルやアフリカウシガエルのみ、チャンスがあるかもしれません）。

Q 国産種を自分で採集して飼育したいのですが、悪いことですか?

A 近年は自然保護の動きが活発になり、採集というだけで白い目で見られるようになってしまいました。もちろん、飼育する分以上に採集したり（個人売買目的など）、保護種を採集することは絶対にダメですが、あくまでも個人の飼育・繁殖・研究のための採集であれば筆者は悪いことだとは考えません。採集のために生息地に出向いて個体を探すことは、環境を知る良い機会にもなります。土を掘って湿り具合を知る・渓流の周りに赴いて風の通りを感じるなどは飼育においてプラスとなるはずです。採集する際はくれぐれも生息域を荒らさず、地元の人と揉めごとを起こさないよう、細心の注意を払ってください。「ゴミを捨てる」などは論外で、めくった石や倒木などは必ず元通りにし、オタマジャクシなどを採集する際に水から出した落ち葉などもできるだけ元に戻してください。また、南西諸島など中心に年々保護対象種や場所も増えてきているので、環境省や行く先の市町村などのホームページ、または専門書などで自分の採集したいカエルの保全状況を必ずチェックしてください。種全体ではなく地域的に保全されている場合もあるので要注意です。

Q キッチンペーパーやペットシーツを床材にして飼育できますか?

A たまに寄せられる質問です。簡易的なケージをセッティングするという形であればそれらを床材として使うのは問題ありません。その上に水入れを置き、鉢植えの植物や流木・シェルターなどを配置する飼育環境です。ただ、どちらも保水力がないので、乾燥に注意する必要があります。ペットシーツは吸水力こそありますが、その水を蒸発させず閉じ込めるので、ケージ内の湿度は保ちにくいでしょう。何よりも、毎回毎回カエルを含めて全ての内容物を取り出して床換えをすることは、デリケートな種類にはストレスになるため、筆者としては長期的な飼育にはあまり推奨できないグッズの1つです。

Q 寿命はどのくらいですか?

A 種類によって違いますが、想像以上に長寿な種類が多いと言えます。小さなヤドクガエルですら10年前後の飼育例も多数報告されています。とはいえ、カエルというものはどうしても長期飼育が困難な種類も多く、寿命を全うできることが少ないとも言えます。寿命と言っても飼育下と野生下で違うし、個体によっても異なるでしょう(人間も全員が100歳まで生きるわけではありません)。寿命を気にしすぎることは飼育するにあたってはナンセンスと言え、その個体が少しでも長生きできるよう全力で飼育に取り組んでください。1つ言えることは、過剰な干渉は寿命を縮める可能性が高いということでしょうか。

Q 多頭飼育できますか?

A 目の前で動くものを貪欲に捕食するタイプ(ツノガエルの仲間)などを除き、地上棲・地中棲の種類はほとんどの種類において、多頭飼育は十分楽しめます。ケージのキャパを超えなければ問題ないでしょう。たまに聞かれますが「1匹だからかわいそうでは?」という考えは持たなくて大丈夫です。生息地では一カ所に多数がいる光景が見られたりしますが、それはほとんどが繁殖期の光景であり、群れていたいという習性はありません。1匹で悠々自適な生活も良いでしょう。

Q ハンドリングできますか?

A CHAPTER1で紹介したとおり、カエルの皮膚には鱗などの防御壁がなく、粘膜で覆われているだけのデリケートな部分です。手で触るというのはその部分に触れる行為であるため、ケージの移動やメンテナンスなど、必要最低限に留めるべきです。種類によって手の上でじっとしていることもありますが、別に喜んでいるわけではなく、感情としては「無」もしくは「マイナス」です。感情がマイナスなだけであるならまだ救われますが、カエルを掴んだりして粘膜を剥がしてしまうと感染症の危険性なども高まるし、人間の手から雑菌を拾ってしまう危険性もあるので、そういう意味でも推奨できる理由はありません。強いて言えば、ヒキガエルの仲間は性格が図太く皮膚も厚いので、たまに1枚くらい写真を撮りたいからということで、メンテナンスのついでに手に乗せて撮影するという程度なら良いでしょう。

Q 旅行で1週間弱家を留守にする際、気をつけることは何ですか?

A 季節にもよりますが、何よりも温度対策が重要。特に気温が高くなる時期、もしくは非常に寒い時期は、設定をゆるくしてでもエアコンをかけていくことを推奨します(たとえば、夏は28°C、冬なら20°C程度の設定など)。餌は、上陸して間もない幼体やヤドクガエルの一部でなければ、1週間や10日与えなくても大きな影響はありません。最も良くないのは、出かける直前にたくさんの餌を入れる行為。すぐには全部食べきれず、餌の虫が個体にまとわり付いてしまう可能性があり、カエルにとって大きなストレスとなります。逃げ延びたコオロギが食べられないサイズまで育ち、カエルを齧ってしまう危険性もあります。日数にもよりますが、旅行の前日もしくは前々日にいつもの量の餌を与え、当日に水入れをきれいにして、種類によっては霧吹きをいつもどおりするだけで問題ないでしょう。心配ならば床材を交換するのも良いです。もし1週間程度かそれ以上の不在で乾燥が心配な場合は、タイマーで霧を自動噴霧してくれるミストシステムなどが近年は発売されているので、不在が多い人はうまく活用してみてください。

Q 夏場にエアコンなしで飼育できますか?

A 非常に多い質問ですが、それは各家庭の建物の作りやお住いの地域などによって大きく異なるので、安易にYes・Noでは答えられません。まずは飼育する部屋の気温を把握するところから始め、エアコン以外の冷却グッズなどを駆使してしのぐことができるのか、高温に強い種類を選ぶのか、真夏や真冬だけエアコンを使うのか、完全エアコン管理にするのかを決めましょう。

Q ツノガエルなどに釣ってきた海の魚を与えても良いですか?

A 釣りをやる人でツノガエルやアフリカウシガエルを飼育している場合、1度は思いつくことかもしれませんが、やめたほうが無難です。塩分と無縁の場所に棲んでいる生き物に塩分が強いものを与えることは腎臓などに悪影響を与える可能性が高いでしょう。また、海の魚は川の魚よりも脂が強いことが多く、それも内臓に負担が大きいと考えます。ワカサギなどの淡水魚であれば問題ないことが多いですが、寄生虫などの不安があるので、できれば全て冷凍をしてから与えると良いでしょう。

Q 通販で卵やオタマジャクシが安く売られています。買っても大丈夫ですか?

A 過去の経験や体験談から、筆者としては推奨できません。カエルのオタマジャクシを育成し上陸させることは簡単ではありません。しかも、上陸する際(鰓呼吸から肺呼吸に変化する時)に溺死したり、SLS(Spindly Legs Syndrom)と呼ばれる前肢や後肢が出ないというトラブルも多いです。卵やオタマジャクシは見ためだけでは判断できません。また、「○○のオタマジャクシ」や「○○の卵」と称して販売しているのに、上陸したら全く別なカエルになったというトラブルも聞かれます。そういう意味でも、特に飼育経験の浅い人は避けたほうが良いでしょう。生き物の個人売買は金銭トラブルや輸送トラブルも多いので、少しでも不安を感じる人は控えてください。

Q ヤドクガエルやフキヤガマは簡易的に飼育できませんか?

A できなくはないですが、飼育がより難しくなると思います。ビバリウムでの飼育は見ための問題だけでなく、「ケージの中に生態系を作る」という大きな目的があります。普通の飼育ケージであれば排泄物は人間が取り除かなければなりませんが、土の中の排泄物を養分として植物が吸い上げたり、土壌バクテリアが分解して無毒化したりして、いわゆる「床換え」という作業も抑えられます。普段の生き物との接触(メンテナンス)を最低限のものにすることができ、生き物へのストレスを減らすことができるのが植物を多用したビバリウムでの飼育です。ヤドクガエルやフキヤガマ・マンテラなど小型のカエルはストレスに弱く、床換えやケージの移動など、人間が干渉することが多ければ多いほど調子を崩します。そういう意味でも、しっかり植物が根付いたビバリウムを作ってその中で飼育することが、飼育の失敗を減らす方法でもあります。最初は面倒に思えても最終的には楽になるし、何よりも見ていて楽しいと思うので、簡易的に飼育することは一時管理以外はやめたほうが良いでしょう。

Q 飼育していた個体が死亡してしまったらどうしたら良いですか?

A 生き物を飼育する以上、理由はさまざまですが、飼育個体が死亡してしまうことは避けられません。以前は土に埋めてあげるという形を推奨する傾向もありましたが、近年では日本にない病気や菌などの国内への広がりを防止する意味でも、やたらと埋めてしまうことはNGとされるようになりました。そこで、ペット用の火葬をし遺灰を保管する・骨格標本にしてもらう・透明標本にしてもらう、などが挙げられ、死後も身近に置いておきたい人はお勧めです(超小型種は難しいかもしれません)。埋めるなら自宅敷地内のプランターや大きな鉢植えなど自然とほぼ接点のない土中ならば問題ないでしょう。ただし、個体が大きかったり、あまりにも土が少ないと土壌バクテリアが少なくて分解されずに腐り、やがて異臭を放つ原因となりかねないので注意してください。感情が割り切れるのであれば可燃ゴミとして処理をするというのも1つの方法です。倫理的に言ってしまえば公園や野山に埋めたりするよりはよほど良いとされますが、これは各自でご判断ください。

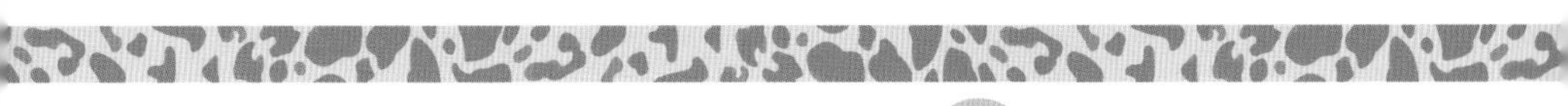

地上棲・地中棲カエルの用語解説

―― Glossary ――

WCとCB

WCはWild Caught（Catchの過去形）の略で、意味は野生採集。WCやWC個体と書いてあったら野生採集個体という意味。一方CBはCaptive Breeding（Captive Bredとする場合もある）の略で、意味は飼育下繁殖。CBやCB個体と書いてあったら飼育下での繁殖個体という意味。

幼体

オタマジャクシを指す幼生と混同されがちだが、幼体は単にその子供の頃を指しており、大きくなると亜成体や成体と呼ばれる。厳密に言えば幼生も幼体と呼んで間違いではないと思うが、混乱を招く可能性が高いので区別したほうが良い。

ビバリウム（Vivarium）

多くの日本人はビバリウムというと、植物をふんだんに使ったレイアウトケージを思い浮かべるかもしれないが、ビバリウムは「動物・植物を育てる環境」全てを指す。よって、乾燥系の生き物を飼うために作るレイアウトケージもビバリウムの範疇に入る。水を入れた水槽で水棲の動植物を育てるのがアクアリウム、陸棲の動植物を育てるのがテラリウム、水場の少ない湿地や湿度の高い環境の動植物を育てるのがパルダリウム、水棲・陸棲を1つのケージで混合して育てるのがアクアテラリウム、それら全てを含む総称がビバリウムといったところである。

ミストシステム（ミスティングシステム）

英語表記のMist systemそのままで、霧吹きを自動で行ってくれる装置のこと。以前は海外メーカーのものだったり、逆浸透膜を用いて不純物を濾過する際に使う加圧ポンプなどを流用し、各自自作をしていたりしたが、近年は国内のメーカーから発売され始めている。管理ケージが多い・不在が多い・霧吹きの回数を増やしたい、そういった飼育者などには重宝するだろう。

ロカリティ

英語のLocalityがそのまま使われている形で、意味としてもそのまま「産地」という意味で使われる。産地によって特徴が出る種類などは産地ごとに分けて飼育したい人も多いため、ロカリティがはっきりとわかっている個体は貴重であり、必要であればしっかりラベリング（表記）をしておきたい。繁殖をさせる場合はロカリティを混ぜないなど、こだわる人も多い。

モルフ

英語のMorphがそのまま使われているが、意味合いとしては直訳である「姿・形」というよりは「品種（としての姿・形）」という意味合いで使われる。何らかの形で遺伝性のある品種は基本的にモルフにあてはまる。ヤドクガエルなどの場合、同じ種類の"色違い"に対しても便宜上モルフと呼ぶことが多い（本来はロカリティと呼ぶべき場合もあるが、海外でもモルフを採用している。

執筆者

西沢 雅（にしざわ まさし）

1900年代終盤東京都生まれ。専修大学経営学部経営学科卒業。幼少時より釣りや野外採集などでさまざまな生物に親しむ。在学時より専門店スタッフとして、熱帯魚を中心に爬虫・両生類、猛禽、小動物など幅広い生き物を扱い、複数の専門店でのスタッフとして接客業を通じ知見を増やしてきた。そして2009年より通販店としてPumilio（プミリオ）を開業、その後2014年に実店舗をオープンし現在に至る。2004年より専門誌での両生・爬虫類記事を連載。そして2009年にはどうぶつ出版より『ヤモリ、トカゲの医食住』を執筆、発売。その後、2011年には株式会社ピーシーズより『密林の宝石 ヤドクガエル』を執筆、発売。笠倉出版社より『ミカドヤモリの教科書』など教科書シリーズを執筆、発売。2022年には誠文堂新光社より『イモリ・サンショウウオの完全飼育』を執筆、発売。

【参考文献】

・アクアリウムシリーズ『ザ・カエル』（誠文堂）/ 田向健一
・山渓ハンディ図鑑『日本のカエル+サンショウウオ』（山と溪谷社）/奥山風太郎
・アクアウェーブ（ピーシーズ）数冊
・クリーパー（クリーパー社）数冊

STAFF

執筆	西沢 雅
写真	川添 宣広
特別協力	小川 晃央、大矢 優、エンドレスゾーン
撮影協力	青木さん、あわしまマリンパーク、aLiVe、iZoo、ウッドベル、エンドレスゾーン、邑楽ファーム、オリュザ、KawaZoo、キャンドル、クレイジーゲノ、スドー、爬虫類倶楽部、ハープタイルラバーズ、プミリオ、BebeRep、ミウラ、リミックス ペポニ、レップジャパン、レプタイルストアガラパゴス、レプティリカス、ワイルドスカイ、テキサス野郎
表紙・本文デザイン	志保あかね
企画	鶴田賢二（株式会社クレインワイズ）

飼育の教科書シリーズ

地上棲カエルの教科書

地上から地中で暮らすカエルたちの
基礎知識から各種類紹介 etc.

2024年06月12日　初版発行

発行所　株式会社笠倉出版社
〒110-8625　東京都台東区東上野2-8-7 笠倉ビル
0120-984-164（営業・広告）

発行者　笠倉伸夫

定　価　2,200円（本体2,000円＋税10%）

ISBN978-4-7730-6150-5

印刷所　三共グラフィック株式会社